JavaScript 程序设计

龚爱民 主编

电子工业出版社
Publishing House of Electronics Industry
北京·BEIJING

内 容 简 介

本书由浅入深、循序渐进地介绍了 JavaScript 语言和程序设计的基本概念，结合案例深入讲解了 JavaScript 语言特性，强调了实现程序的算法和程序设计思想。全书共 10 章，第 1 章介绍 JavaScript 语言的入门知识；第 2～5 章介绍 JavaScript 的基本语法、算法及构成程序的顺序、分支、循环结构；第 6 章对函数进行深入探讨；第 7 章介绍面向对象的程序设计思想和方法；第 8 章和第 9 章介绍 JavaScript 语言中的两个核心对象——数组和字符串；第 10 章简要介绍异常的概念和程序调试的方法。

本书构思新颖、思路清晰、讲述详尽、案例丰富、通俗易懂，是 Web 开发爱好者学习程序设计既基础又较全面的教材。本书既可以作为职业院校计算机专业的教学用书，也适合程序爱好者自学。

未经许可，不得以任何方式复制或抄袭本书之部分或全部内容。
版权所有，侵权必究。

图书在版编目（CIP）数据

JavaScript 程序设计 / 龚爱民主编．—北京：电子工业出版社，2022.6
ISBN 978-7-121-43826-4

Ⅰ．①J⋯ Ⅱ．①龚⋯ Ⅲ．①JAVA 语言－程序设计－中等专业学校－教材 Ⅳ．①TP312.8

中国版本图书馆 CIP 数据核字（2022）第 111644 号

责任编辑：郑小燕　　　　　　　　特约编辑：田学清
印　　刷：三河市双峰印刷装订有限公司
装　　订：三河市双峰印刷装订有限公司
出版发行：电子工业出版社
　　　　　北京市海淀区万寿路 173 信箱　　　邮编：100036
开　　本：880×1230　　1/16　　印张：13.25　　字数：296.8 千字
版　　次：2022 年 6 月第 1 版
印　　次：2022 年 6 月第 1 次印刷
定　　价：43.80 元

凡所购买电子工业出版社图书有缺损问题，请向购买书店调换。若书店售缺，请与本社发行部联系，联系及邮购电话：（010）88254888，88258888。
质量投诉请发邮件至 zlts@phei.com.cn，盗版侵权举报请发邮件至 dbqq@phei.com.cn。
本书咨询联系方式：（010）88254550，zhengxy@phei.com.cn。

前　　言

JavaScript 语言是当前非常流行的语言，PC 端、移动端中各类操作系统的浏览器都支持 JavaScript 程序的运行，因此 JavaScript 成为进行 Web 开发必须掌握的语言之一。

对于任何一个开发人员来说，无论是进行 Web 开发，还是从事桌面应用开发，最初的学习途径是学习并精通一门编程语言，在学习过程中需掌握该语言的基本语法、流程控制、函数、面向对象和异常及调试等技术，深入理解程序设计的思想和算法的实现，这样才能更全面地理解程序设计的内涵，对其他语言的学习和专业能力的发展均有积极意义。

本书针对职业院校计算机专业 JavaScript 程序设计这门专业基础课，综合作者多年的课堂教学经验和学生的学习素养编写而成。本书在内容的编排上符合学生的学习能力和实际的岗位需求，做到基础理论适当，突出技能培养，尤其突出能力的提高，希望本书能给学生今后的就业或创业带来较大帮助。

本书是 Web 前端开发人员的入门教材，参考《Web 前端开发职业技能等级标准》，围绕 Web 开发的最新技术标准，结合 Web 开发岗位需求，由浅入深、循序渐进，比较全面地介绍了 JavaScript 语言的基础知识和实际运用技能，以及利用这些技能完成实际项目开发的思想和过程。

本书内容通俗易懂，理论联系实际，可作为职业院校计算机专业的教材，也可供 Web 前端开发者自学使用。

由于编者水平有限，书中难免存在不足之处，恳请读者提出批评和建议。编者联系方式：goldeagle_1995@163.com。

本书特色

本书依照 Web 前端开发人员必备的 JavaScript 语言开发的岗位需求，将专业技术学习和岗位技能培养有机融合，理论知识和实际案例的结合强化了程序设计的思维和分析能力，使读者融会贯通，深入浅出地掌握 JavaScript 语言的程序设计理论和实践。

本书立足使用最小的运行环境——Chrome 浏览器来介绍 JavaScript 程序设计，书中代码尽可能避免出现 HTML 代码和 CSS 代码，便于读者专注于语言本身及算法实现，积累良好的编程素养和习惯。

代码说明

由于代码占据大量篇幅，为了精简页数，书中删除了部分冗余代码，完整的代码可以在源代码中找到。本书提供的配套资源读者可登录华信教育资源网免费下载。

众所周知，注释在各类开发中是必不可少的内容。为了有利于读者研读代码，书中除了必须注释的内容，其他内容均未进行注释，读者可以在自行理解的基础上加以注释，从而加深印象，提高学习效果。

本书编者

参与本书编写的都是一线教师。编者长期从事 Web 前端技术研究和应用项目开发，掌握 Web 项目、软件研发、数据处理等领域的专业知识，在多年的专业教学中洞悉学生的困惑，积累了丰富的教学经验和素材。本书由龚爱民主编，负责全书内容的规划和定稿；阮冰和张征为资料及案例的整理提供了帮助。

目 录

1 JavaScript 快速入门 1

    1.1 程序设计基本概念 1

        1.1.1 计算机程序 1

        1.1.2 程序语言 2

        1.1.3 什么是 JavaScript 语言 3

        1.1.4 学习程序设计的方法 4

    1.2 Hello world 4

    1.3 基础语法 6

        1.3.1 直接量 6

        1.3.2 运算符 6

        1.3.3 输出 7

        1.3.4 换行、空格与分号 7

        1.3.5 注释 8

        1.3.6 输入 9

2 变量与数据类型 10

    2.1 变量 10

        2.1.1 变量的定义 10

        2.1.2 赋值和初始化 11

        2.1.3 访问变量 13

    2.2 常量 14

    2.3 标识符与关键字 14

        2.3.1 标识符 14

        2.3.2 关键字 15

- 2.3.3 正确命名标识符 ... 15
- 2.4 数据类型 ... 16
  - 2.4.1 数值类型 ... 17
  - 2.4.2 布尔类型 ... 18
  - 2.4.3 字符串类型 ... 18
  - 2.4.4 undefined 与 null ... 20
- 2.5 类型转换 ... 21
  - 2.5.1 自动类型转换 ... 21
  - 2.5.2 显式类型转换 ... 22

3 顺序结构程序设计 ... 25

- 3.1 算法基础 ... 25
  - 3.1.1 算法的概念 ... 26
  - 3.1.2 算法的描述 ... 26
  - 3.1.3 算法举例 ... 28
- 3.2 表达式和语句 ... 29
  - 3.2.1 表达式 ... 29
  - 3.2.2 语句 ... 30
  - 3.2.3 复合语句 ... 30
- 3.3 顺序结构 ... 30
- 3.4 赋值运算 ... 32
- 3.5 算术运算 ... 32
  - 3.5.1 自增和自减 ... 33
  - 3.5.2 算术运算的优先级 ... 34
  - 3.5.3 算术运算的结合性 ... 35
- 3.6 字符串运算 ... 36
- 3.7 顺序结构程序举例 ... 38
  - 3.7.1 计算圆的周长和面积 ... 38
  - 3.7.2 交换变量的值 ... 38

4 分支结构程序设计 ... 40

- 4.1 条件判断 ... 40
- 4.2 关系运算与逻辑运算 ... 41

- 4.2.1 关系运算 41
- 4.2.2 逻辑运算 43
- 4.2.3 关系运算与逻辑运算的优先级 46
- 4.3 if 语句 49
  - 4.3.1 基本的 if 语句 49
  - 4.3.2 if/else 语句 52
  - 4.3.3 if /else if/else 语句 54
- 4.4 条件运算 57
- 4.5 switch 语句 58
- 4.6 分支结构程序举例 60
  - 4.6.1 闰年的判断 60
  - 4.6.2 最大值问题 63

5 循环结构程序设计 66

- 5.1 循环的概念 66
- 5.2 for 语句 67
- 5.3 while 语句 72
- 5.4 do/while 语句 74
- 5.5 嵌套循环 75
- 5.6 不同循环语句的比较 77
- 5.7 跳转 77
  - 5.7.1 break 语句 77
  - 5.7.2 continue 语句 79
  - 5.7.3 break 语句和 continue 语句的区别 80
- 5.8 循环结构程序举例 81
  - 5.8.1 生成数列 81
  - 5.8.2 字符串处理 82

6 函数 86

- 6.1 函数定义 86
  - 6.1.1 无参数函数的定义 88
  - 6.1.2 函数的参数 89
  - 6.1.3 带参数函数的定义 89

	6.1.4	参数默认值	91
	6.1.5	表达式定义	92
	6.1.6	空函数	93
6.2	函数返回值		93
	6.2.1	返回 undefined	93
	6.2.2	指定返回值	94
6.3	函数调用		95
	6.3.1	直接调用	96
	6.3.2	函数表达式	96
	6.3.3	函数调用作为参数	97
	6.3.4	函数的嵌套调用	97
	6.3.5	自动调用函数	100
6.4	变量作用域		100
	6.4.1	局部变量	100
	6.4.2	全局变量	101
	6.4.3	生命周期	102
6.5	函数举例		102
	6.5.1	素数	102
	6.5.2	闰年判断	103

7 类和对象 105

7.1	面向对象的概念		105
	7.1.1	面向对象的程序语言	106
	7.1.2	面向对象的程序设计	106
7.2	对象和对象直接量		106
	7.2.1	对象的概念	106
	7.2.2	对象直接量	107
7.3	创建和使用类		108
	7.3.1	类和实例	108
	7.3.2	定义类	109
	7.3.3	访问对象的属性	114
	7.3.4	修改对象的属性	115
	7.3.5	调用对象的方法	115

| 7.3.6　typeof 与 instanceof 117
| 7.3.7　for/in 语句访问对象属性 119
| 7.4　封装 119
| 7.4.1　私有属性 120
| 7.4.2　操作私有属性 120
| 7.4.3　静态方法 122
| 7.5　继承 123
| 7.6　面向对象举例 124
| 7.6.1　设计学生类 125
| 7.6.2　贪吃蛇 127

8　数组 134

| 8.1　一维数组 134
| 8.1.1　一维数组的定义 135
| 8.1.2　数组长度 135
| 8.1.3　访问数组元素 136
| 8.1.4　遍历一维数组 137
| 8.2　二维数组 141
| 8.2.1　二维数组的定义 141
| 8.2.2　访问数组元素 142
| 8.2.3　遍历二维数组 143
| 8.3　Array 对象常用方法 144
| 8.3.1　concat() 145
| 8.3.2　push()与 pop() 146
| 8.3.3　shift()与 unshift() 147
| 8.3.4　slice() 148
| 8.3.5　splice() 148
| 8.3.6　reverse() 150
| 8.3.7　sort() 150
| 8.3.8　toString()与 toLocaleString() 152
| 8.3.9　join()与 split() 153
| 8.4　数组应用举例 154
| 8.4.1　学生成绩统计 154

  8.4.2 冒泡排序 156
  8.4.3 贪吃蛇的移动 159
  8.4.4 绘制迷宫地图 168

9 JavaScript 常用对象 170

9.1 String 对象 170
  9.1.1 创建 String 对象 170
  9.1.2 String 对象的属性 171
  9.1.3 String 对象的常用方法 172

9.2 Date 对象 182
  9.2.1 Date 对象的概念 182
  9.2.2 Date 对象的常用方法 184

9.3 Math 对象 185
  9.3.1 Math 对象的概念 185
  9.3.2 Math 对象的常用属性和方法 185

9.4 常用内置对象举例 187
  9.4.1 时钟 187
  9.4.2 加密字符串 189

10 异常和调试 191

10.1 异常的概念 191

10.2 Error 对象 192

10.3 异常处理 192
  10.3.1 throw 语句抛出异常 193
  10.3.2 try/catch/finally 捕捉异常 193

10.4 利用 Chrome 调试工具调试 196
  10.4.1 "source" 面板 196
  10.4.2 console 197
  10.4.3 Breakpoint 198
  10.4.4 debugger 命令 200

JavaScript 快速入门

1.1 程序设计基本概念

1.1.1 计算机程序

计算机是具有高速计算功能的电子设备，可以高速地为许多复杂的科学计算提供运算服务，但是它不能脱离计算机程序独立完成任务。

计算机程序是利用程序语言编写的用于执行指定任务的指令序列。一条指令执行计算机的某个特定操作，一系列指令完成某些任务，这些指令包含在计算机程序中。计算机执行某个程序，程序中的指令就会自动、有序地执行。

现代软件一般由特定的程序语言，如 C++、Python、Java 等人们易于读写的高级语言编写而成。这些程序通过编译器、解释器等翻译成计算机可以识别的机器语言，由 0 和 1 组成二进制指令，在中央处理器（CPU）的控制下完成程序功能，如图 1-1-1 所示。

从本质上讲，软件包括操作系统和应用软件，它们都由各种程序语言编写的程序组成，这些程序协同工作，以构成完整的计算机软件系统。总之，若没有这些程序，计算机就像一台瘫痪的机器，没有使用价值。

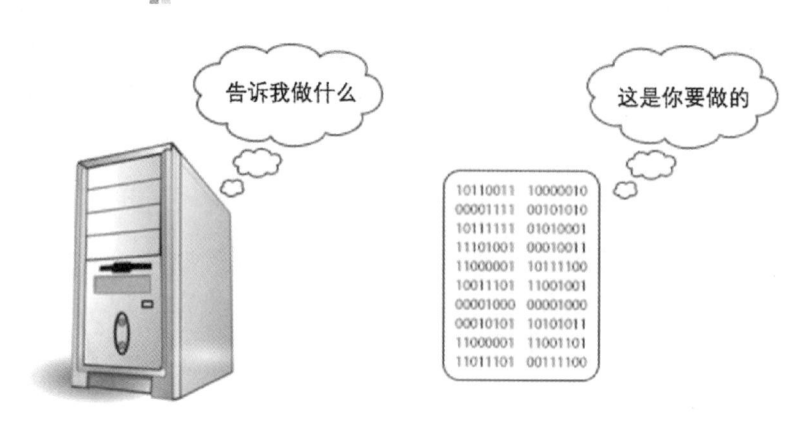

图 1-1-1　计算机与计算机程序

1.1.2　程序语言

若使计算机按照人的意图运行，就必须使计算机懂得人的意图，接受人的命令，输出运行结果。人与人沟通，需要语言的支持；人和机器交换信息，必须解决的首要问题也是语言。因此，人们给计算机设计了一种特殊语言，这就是程序设计语言，它在人与计算机之间起到交流的作用。

语言的基础是记号和规则。每种程序语言都有一组专门的记号，根据特定的规则构成语句，语句的集合就是程序。由于记号由常见的英文组成，故人理解；计算机借助解释器或编译器对语句进行翻译，并生成相关的计算机指令，故计算机也理解。

自 20 世纪 60 年代以来，世界上公布的程序设计语言已有上千种之多，但是只有很少的一部分程序设计语言得到了广泛应用。从发展历程来看，程序设计语言经历了以下发展过程。

1. 机器语言

早期的计算机不能直接识别诸如 JavaScript 语言等高级语言，只能识别由机器指令构成的机器语言。

机器指令是 CPU 能直接识别并执行的指令，表现形式是二进制数编码，通常由操作码和操作数两部分组成。操作码指出该指令要执行的操作，操作数指出参与运算的数据、运算结果存放的位置等。

在机器语言时代，程序设计是将由 0 和 1 组成的二进制数字表示的机器语言打印在纸带或卡片上的，利用纸带机或卡片机输入计算机后执行。

由于机器语言程序设计严重依赖 CPU 指令集，各种 CPU 具有不同的指令系统，所以编写复杂、难度大、编程效率极低，编写出来的程序可移植性差，只有专业人员才能进行这类程序的编写。随着语言的发展，机器语言已经被逐步淘汰。

2. 汇编语言

鉴于利用机器语言进行程序设计较烦琐，为提高程序设计人员的开发效率，自 20 世纪 50 年代中期开始，人们开始用一些符号来代替机器指令中的二进制操作码，利用地址符号或标号代替机器指令中的二进制地址，这些符号集构成了汇编语言。

汇编语言也称为符号语言，即符号化的机器语言，这种语言在一定程度上提高了程序的可读性和开发效率。例如，MOV 代表"传送"，DEC 代表"减 1"，JMP 代表"无条件跳转"等。计算机不能直接识别由汇编语言编写的程序，必须借助汇编程序，将采用汇编语言编写的程序翻译成机器语言后执行。

经过汇编得到的目标程序占用的内存空间少，运行速度快，适用于系统软件和过程控制软件。但是，汇编语言直接操控计算机中的寄存器、存储器等元件，并且不同的 CPU 都对应不同的汇编指令，因此程序的编写和调试仍然较复杂。

3. 高级语言

汇编语言和机器语言都与处理器有关，是面向机器的语言，通常被称为低级语言。利用低级语言编写程序，程序设计人员不仅要考虑解题思路，还要熟悉计算机的内部构造，导致编程的效率低下，阻碍了计算机的普及和推广。因此，人们进一步开发了高级语言。

相较于低级语言，高级语言隐藏了计算机的内部细节，采用易于识别和记忆的字符作为关键字，使程序设计更接近人类的思维方式。而且，高级语言编写容易、读写性好、开发效率高。通常，高级语言是可移植的，对程序做少量的修改甚至不做修改即可将程序发布在不同平台运行。

使用高级语言编写的程序也不能被计算机直接执行，需借助编译器将编写的程序转换为机器指令，才能让计算机执行。JavaScript 语言是解释性语言，JavaScript 程序无须经过编译器，可直接由 JavaScript 引擎边解释边执行。

高级语言包括很多种程序语言，如 C、C++、C#、Python、Java 等语言，这些语言表达能力很强，能方便地表示数据的运算和程序的控制结构，实现各种算法。高级语言是面向用户的、基本上独立于计算机种类和体系结构的语言。高级语言最大的优点是在形式上接近算术语言和自然语言，在概念上接近人类的思维习惯。因此，高级语言易学易用，通用性强，应用广泛。

1.1.3 什么是 JavaScript 语言

JavaScript 语言是 Brendan Eich 在 1995 年创建的，最初被命名为 LiveScript。与大多数语

言不同的是，JavaScript 语言几乎没有输入或输出的概念，它在宿主环境中作为脚本语言运行，最常见的宿主环境是浏览器。

JavaScript 语言是从事 Web 前端开发人员必须具备的三种技能之一：HTML 描述网页结构和元素，CSS 定义网页样式，JavaScript 程序基于 HTML 和 CSS 实现动态网页、处理浏览器端事件、操作 HTML 标签和 CSS 样式、记录浏览者状态和实现基本的图形处理功能。Chrome、Internet Explorer、Safari、FireFox 等浏览器中均包含 JavaScript 引擎，能够解析并执行包含 JavaScript 程序的网页。

从编程语言的角度来看，JavaScript 语言是一门动态的弱类型语言，它的语法源自 Java，既适合过程性编程，又具备面向对象的编程风格。随着浏览器技术的进步、JavaScript 语言的不断更新和优化、Node.js 和其他框架的融入，JavaScript 语言版本为严谨的大型平台的开发定义了诸多新的特性和功能，越来越强大。

1.1.4　学习程序设计的方法

学习程序设计最常用的方法是对照书中的示例代码反复编写，从而加深理解和记忆。当前大部分 Web 浏览器均内置了 JavaScript 引擎，支持在控制台编写和运行 JavaScript 程序，这使入门学习更便捷。

在程序设计的入门阶段，使用命令行在控制台输入并运行一小段 JavaScript 程序并显示运行结果，是较简便的学习程序设计的方法，使读者对程序设计的基本思想和基本语法有一个直观的认识。

使用控制台编写程序的优点是简化开发环境的搭建，容易上手；缺点是控制台提供的输入和输出功能较简单。但是，本书主要探讨的是程序设计的基础和思想，控制台提供的功能足够满足本书的学习要求。

1.2　Hello world

为了说明最基本的 JavaScript 程序，请看下面的程序代码。

【例 1.1】Hello world!

打开 Chrome 浏览器，按组合键<Ctrl>+<Alt>+<I>打开开发者工具，选择"Console"面板后浏览器的显示效果如图 1-2-1 所示。

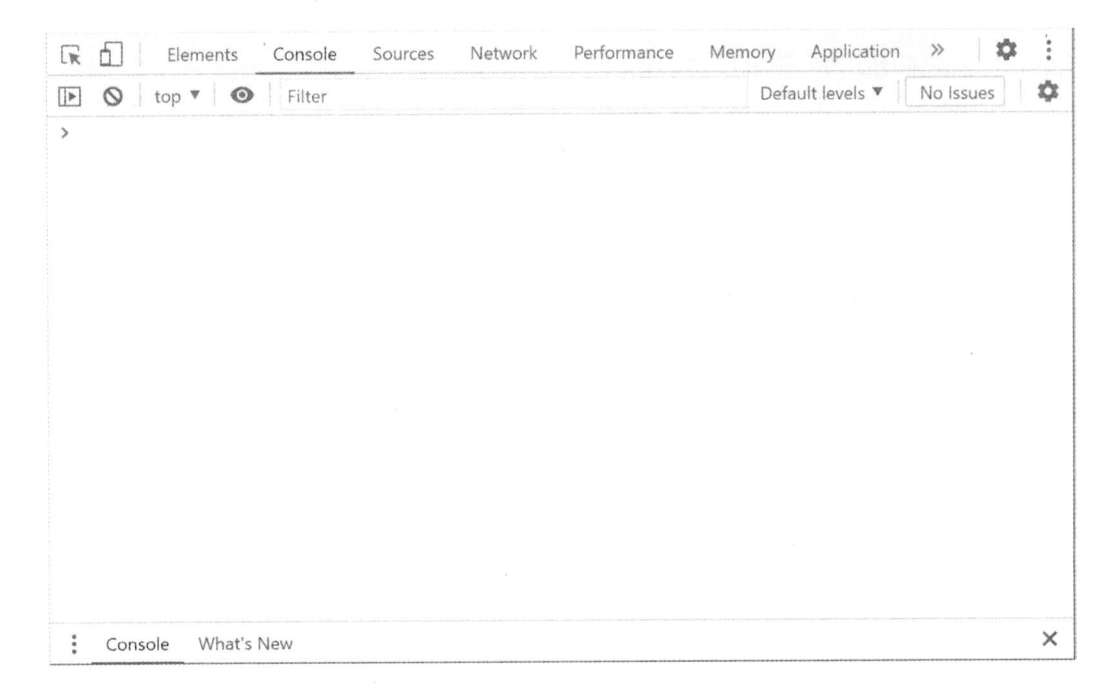

图 1-2-1　Chrome 浏览器中的控制台

在控制台中的符号 ">" 后输入以下代码：

console.log("Hello world!");

">" 是控制台输入提示符，按<Enter>键执行输入的代码。

运行结果如图 1-2-2 所示。

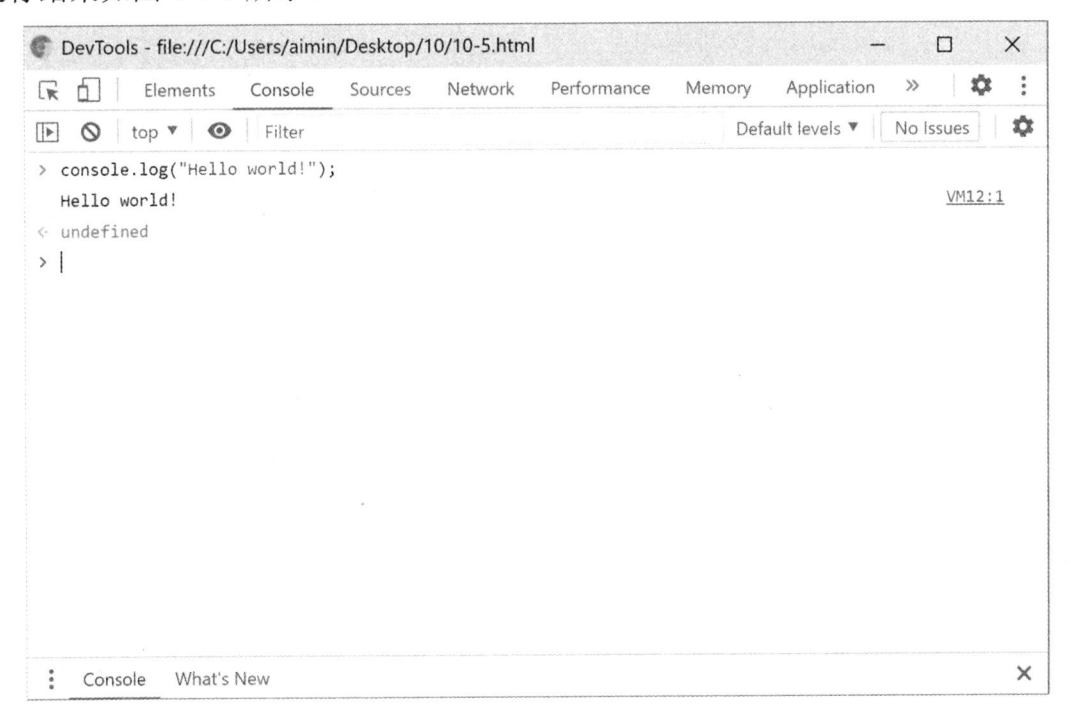

图 1-2-2　程序运行结果

"Hello world！"是程序的运行结果，符号"<"后的"undefined"是执行代码

"console.log("Hello world!")"后的返回值。

返回值的概念将在本书后续章节介绍，这里暂时忽略。本书的后续内容中将忽略控制台符号">"和"<"。

需要注意的是，程序中出现的英文字母和";""()"等符号应当在英文状态下输入，并且大小写形式统一。

【例 1.2】执行加法运算，并在控制台输出运算结果。

```
//输出 1972 与 1002 的和
console.log(1972+1002)
```

若在控制台输入多行代码，输入一行代码后按<Shift>+<Enter>组合键换行，语句输入完成后，按<Enter>键运行程序。

运行结果：

```
2974
```

1.3 基础语法

1.3.1 直接量

在程序中可以直接使用的数据称为直接量，也称为字面量。

比如，例 1.2 中的"1972"和"1002"是数值类型直接量，例 1.1 中的"Hello world!"是字符串直接量，还有表示正确或错误的布尔直接量。

需要注意的是，直接量可以直接出现在程序中参与相关的运算，它在程序中是无法被修改的。

1.3.2 运算符

例 1.2 中的符号"+"是加法运算符，它对运算符左右的两个操作数执行加法运算，并返回运算结果。

例如，在控制台输入以下代码：

```
2+3;
```

运行结果：

```
5
```

1.3.3 输出

程序的运算结果通常需要输出，以供用户应用或检查，没有输出的程序几乎没有意义。虽然利用控制台仅能以字符串的形式输出结果，形式较简单，但对本书的学习已经足够。

例 1.2 计算数值"1972"与"1002"的和，输出运算结果"2974"。在控制台输出运算结果，需借助全局方法 console.log()。

"console"指代控制台；log 在控制台执行输出；"()"内是需要输出的数据，可以是一个直接量，也可以是一个变量，或者是一个计算公式。

例如，在控制台输入以下代码，按<Enter>键：

```
console.log(3+4);
```

上述代码执行加法运算"3+4"，并输出运算结果。

1.3.4 换行、空格与分号

1. 换行、空格

一个程序通常包含多条语句。

为了使程序清晰明了，语句之间应该进行分隔。各语句独占一行是较普遍的编码形式，这种方式符合人类大脑的思维方式，程序代码也清晰易读。

例如，以下代码较杂乱，结构不清晰：

```
console.log(3+3);console.log("Hello world");console.log(33+33);
```

利用分行改写上述代码如下：

```
console.log(3+3);
console.log("Hello world");
console.log(33+33);
```

JavaScript 程序中的空格和换行在程序执行时将被忽略。因为可以在代码中随意使用空格和换行，故在不同层级的语句中采用整齐一致和必要的缩进可以形成统一的代码风格，对程序的阅读和后续的维护均有益。

例如：

```
{
    a=3;
    b=4
    console.log(a+b);
}
```

2. 分号

JavaScript 语言使用符号 ";" 分隔多条语句，它也是语句结束的标志。

例如：

```
console.log(3+3);
console.log(3*6);
```

与其他编程语言不同的是，如果各语句独占一行，则可以省略它们之间的符号 ";"。

例如，下列代码也能被 JavaScript 解释器正确执行：

```
console.log(3+3)
console.log("Hello world")
```

在程序中利用符号 ";" 和分行分隔语句，可以增强代码的可读性和整洁性，在入门阶段采用这种编码方式可以避免人为失误的发生，提高学习效率。

1.3.5 注释

注释是文本描述，是对程序中语句的必要说明，可以位于程序中的任意位置。注释不会被执行，也不会影响其他代码执行。

例 1.2 中的第二行是可执行代码，第一行是注释，对代码做必要的描述。

JavaScript 语言支持两种格式的注释。

1. 单行注释

这种注释以 "//" 开始，可以出现在行首，也可以出现在代码中其他内容之前。需要注意的是，"//" 之后的代码或文本都会被 JavaScript 引擎忽略。

例如：

```
//输出字符串"Hello World"
//console.log("Hello World")
```

上述两行代码在执行时将被忽略。

2. 块式注释

程序中以 "/*" 开始、以 "*/" 结束的注释称为块式注释。块式注释可以注释一行，也可以注释多行。

例如，以下代码均将被解释器忽略，不予执行：

```
/*console.log("Hello World")*/
/*
```

```
console.log(3+3);
*/
```

注释是一门技术，对于初学者来说，在程序尤其是大规模程序的重要位置添加必要的注释，对程序的编写、阅读和维护均具有积极意义，是良好的编程习惯。

1.3.6 输入

程序的运行往往是人机交互的，程序运行时可以等待用户输入，程序接收数据后再对数据做相应处理。

在控制台输入数据，需要使用全局方法 prompt()。例如，在控制台输入以下代码，按<Enter>键：

```
prompt();
```

当执行到 prompt()语句时，程序将暂停运行，并弹出如图 1-3-1 所示的输入对话框，输入完成后单击"确定"按钮继续执行后续代码。

图 1-3-1 输入对话框

如果输入的数据不参与运算是没有意义的，通常先将输入的数据赋给某个变量，再做相关运算。关于 JavaScript 语言的赋值、运算等知识，将在第 2 章中进行介绍。

2 变量与数据类型

编写程序的最初目标是高效地完成大规模的科学运算,弥补人工运算效率低、易错等缺陷。可以说,程序的运行始终围绕数据和运算方法进行,参与运算的数据除了直接量,还有两种形式的数据:变量和常量。

本章先介绍变量和常量的基本概念,然后介绍关键字和数据类型,最后介绍数据类型转换方法。

2.1 变量

内存是计算机系统的核心部件之一,为了存取数据,操作系统为每个存储单元赋予唯一的地址。随着计算机硬件技术的高速发展,内存地址空间越来越大,直接使用地址形式访问存储单元显然不妥。

2.1.1 变量的定义

变量存储数据,指向内存中的某个存储单元。为了便于记忆,变量采用字符组合的方法表示。

如图 2-1-1 所示为数据在内存中的存储形式。

变量有两个基本概念：变量名和变量值。利用丰巢快递柜可以形象地说明变量的概念，也就是将变量看作一个丰巢快递柜，变量名是编号，变量值是存放的快递。

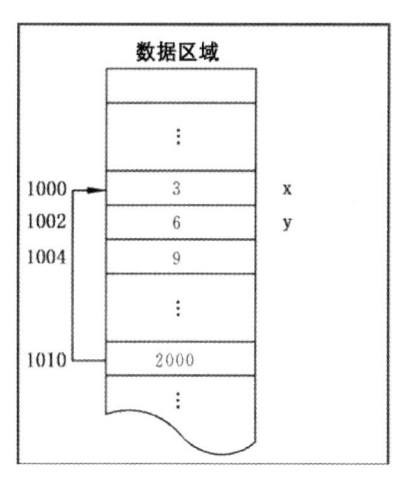

图 2-1-1　数据在内存中的存储形式

一般，使用变量前需要先定义。关键字"let"用于定义变量，其后紧跟变量名。

例如：

```
let a;
```

上述代码定义变量 a。

又如：

```
let i,j,k;
```

上述代码定义三个变量 i、j 和 k。

当变量被定义后，就可以将数据存储到其对应的存储空间中。

2.1.2　赋值和初始化

1. 赋值

赋值是程序中最基本也最常用的运算之一。将数据保存至变量的过程称为赋值。

符号"="称为赋值运算符，它的左侧是一个变量名，右侧是一个直接量、变量或计算公式等。

例如：

```
let a;
a=10;
```

第一行代码定义变量 a；第二行代码将数值 10 存储到变量 a 中，如图 2-1-2 所示。

需要注意的是，变量的定义和赋值在逻辑上有先后关系，交换上述两行代码将引发程序错误。

若为变量赋值，则该变量中的原有数据被新值覆盖。

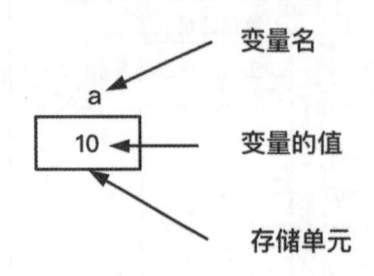

图 2-1-2　变量 a 及其值示意图

例如，在控制台输入以下代码，查看输出结果：

```
let x;
x=10;
x=20;
```

第一行代码定义变量 x；第二行代码为变量赋值 10；第三行代码为变量再次赋值 20。最终，变量 x 中保存的数据是 20。

因为 JavaScript 是一种动态类型语言，所以在定义变量时不必指定存放数据的类型，程序运行时可根据需要在变量中存储其他类型数据。

例如：

```
let x;
x=10;
x="hello";
```

本段代码首先定义变量 x，随后为变量赋值 10，最后将值替换为字符串"hello"。

2. 初始化

变量完成定义但未被赋值前，其值是 undefined（未定义）。

例如，在控制台输入以下代码：

```
let i;
i;
```

运行结果：

```
undefined
```

在定义变量时为其赋值通常称为变量的初始化。

例如：

```
let x=10;
```

本行代码先定义变量，再为其赋值 10。

2.1.3 访问变量

通过变量名可以访问变量中存放的数据，访问变量其实是先通过变量名查找对应的存储单元，再从该存储单元中读取存放的数据。

通常，除了"="之前的变量，程序中出现的变量用于读取变量中存放的数据。

例如：

```
i
```

代码中的 i 读取变量中存放的数据。

下列代码读取变量值参与运算：

```
i+10
```

执行上述代码，首先读取变量 i 中存储的值，然后将该值和 10 做加法运算。

又如，将变量中存放的数据赋值给另一个变量：

```
let str="Hello world ";
let message=str;
```

第一行代码定义变量 str 并赋初值"Hello world"；第二行代码读取变量 str 中的值，并赋给变量 message；当程序执行完成后，变量 str 和 message 均存储字符串"Hello world"。

需要注意的是，变量的使用应遵循"先定义后使用"的原则，在程序中访问未经定义的变量将引发程序错误。

例如：

```
console.log(j);
```

本行代码试图读取变量 j 中的数据值，因为控制台中未定义 j，所以输出以下错误信息：

```
Uncaught ReferenceError: j is not defined
    at <anonymous>:1:7
```

正确的流程是先定义变量 j，完成赋值后再进行访问，代码如下：

```
let j=3;
let i=j;
```

2.2 常量

常量类似于变量，不同之处在于，常量中保存的数据在程序运行过程中是固定不变的。

定义常量使用关键字"const"。

例如：

```
const ver= "2.0";
```

上述代码定义常量 const，值为字符串"2.0"。

和变量一样，程序中常量出现的位置被其值替代。

例如：

```
const PI=3.14;
console.log("面积:"+PI*3*3);
```

第一行代码定义常量 PI 为 3.14；第二行代码先执行运算"3.14 * 3 *3"，然后输出运算结果。

使用常量最重要的作用是简化代码的维护。例如，当程序中多次使用某个地址信息时，可以将地址定义为字符串常量。当地址发生变化时，修改常量值即可一次性地替换程序中所有的地址信息。

试图为常量赋值将导致程序运行错误。

运行下列代码，观察运行结果：

```
const PI=3.14;
PI=3.1415;
```

值得一提的是，为了使常量在程序中明显区别于变量，提高代码可读性，将常量定义为大写形式是业内人士的共识。

2.3 标识符与关键字

标识符是一个名字，由字母、数字或符号等组合而成，中间不能包含空格或"-"。变量名是标识符的一种，本书后续介绍的函数名、对象名等均是标识符。

2.3.1 标识符

标识符的命名应符合 JavaScript 语言规范，具体规则如下：

- 标识符只能包含字母、数字、符号"$"和"_"，不能包含空格和"-"。
- 首字母必须是非数字。

- 标识符不能是 JavaScript 关键字。

例如，以下是合法标识符：

`i、price、my_name、_score、$str、userName`

又如，以下标识符的命名不合法：

`3str、user-name、if`

2.3.2 关键字

JavaScript 将一部分单词自用，称为关键字，也称为保留字，主要用于定义标识符、执行特定的操作，或者控制程序流程等。

例如，定义变量时使用的关键字"let"、布尔类型值"true"和"false"，以及控制程序流程的"if"和"for"等，均不能被定义为标识符。

试图将关键字定义为标识符将引发错误。

例如：

`let true="ok";`

本行代码在程序运行时将发生以下错误：

`Uncaught SyntaxError: Unexpected token 'true'`

常用的 JavaScript 关键字有 case、catch、false、for、in、let、this、if、delete、continue、break、while、function 等。

在程序中也应该避免将 JavaScript 内置的对象、属性和方法定义为标识符，如 Array、Date、String、Number、function、null、undefined 等。

另外，由于 JavaScript 是面向 Web 的编程语言，程序代码和 HTML 标签通常出现在同一个 HTML 文件中，因此应避免将 Windows 对象和属性，如 document、alert、button、close、form、layer、focus、hidden、event 等当作标识符来使用，这也是业内惯例。

如需了解更多 JavaScript 关键字，可以查阅其他资料，这里不再介绍。

2.3.3 正确命名标识符

除遵守标识符的命名规范以外，标识符还应该易于理解，具有清晰、明了的含义。选择合适的标识符名字有助于提升代码质量，是程序设计较重要的技能之一。

以下是常见的标识符命名方法：

- 使用易读的名字，如 date、visitor、news、cart、user 或 name 等。
- 避免使用 a、b、c 这种缩写和短名称，除非程序相当简单，一眼就能够辨识。

- 准确描述其含义，如 userName、my_cart 等。
- 避免使用连接符"-"，因为"-"在 JavaScript 中表示减法运算符。

对于包含多个单词的标识符可以通过下述途径命名：

- 使用下画线，如 last_name、master_card、class_name。
- 采用驼峰式，如 firstName、masterCard，className。

需要注意的是，为了在程序中区别于其他数据对象，标识符应以小写字母开始。

正确命名标识符能够有效减少程序中的错误，下面介绍容易发生错误的场合。

1. 重复定义相同的变量名

let 不允许在相同作用域内重复定义同名变量，即一个变量被定义后不能再被定义。

例如：运行以下代码，查看运行结果：

```
let a=10;
a=a+10
let a=30;
```

运行代码，将出现以下错误信息：

```
VM114:1 Uncaught SyntaxError: Identifier 'a' has already been declared
at <anonymous>:1:1
```

错误信息指出了程序中重复定义了变量 a。

2. 区分大小写

JavaScript 语言严格区分程序中标识符的大小写，例如，apple 和 appLe 是两个不同的变量。也就是说，之前介绍的关键字 let 和 console，以及所有的标识符都必须采取一致的大小写形式。

例如：

```
let name="Jack";
console.log(Name);
```

因为第一行代码中定义的变量名是"name"，第二行代码中的"Name"与其大小写不一致，所以运行程序将引发"Name is not defined"的错误。

2.4 数据类型

JavaScript 语言支持的数据类型包括基本数据类型和对象等类型。基本数据类型包括数值类型、字符串类型及布尔类型。

2.4.1 数值类型

JavaScript 中的所有数值，无论是整数还是小数，实际都是一个 64 位的浮点数，遵循 IEEE 754 标准（浮点数算术标准），JavaScript 能表示的数值范围为 $-1.7976931348623157×10^{308}$ 至 $1.7976931348623157×10^{308}$，表示的最小数为 $-5×10^{-324}$。

JavaScript 能表示并进行精确算术运算的整数范围为：-2^{53} 至 2^{53}，即从最小值 -9007199254740992 到最大值 +9007199254740992；对于超过这个范围的整数，JavaScript 依旧可以进行运算，但不保证运算结果的精度。

1. 数值直接量

程序中出现的整数或小数称为数值直接量。尽管大多数程序语言区分数值类型，例如，C 语言区分整数与浮点数，但 JavaScript 并不细分整数和浮点数。也就是说，JavaScript 程序中的数值可以带小数点，也可以不带小数点。

例如：
```
10;
10.10;
```
在非科学计算领域内，JavaScript 语言提供的整数范围足够满足开发人员的需求。

2. Infinity

当运算结果为正数时，若其值大于 JavaScript 语言允许的数值上限，则结果为无穷大，以 Infinity 表示；当运算结果为负数时，若其值低于允许的数值下限，则结果为无穷小，以 -Infinity 表示。

例如：
```
10/0
```
运行结果：
```
Infinity
```
又如：
```
-10/0
```
运行结果：
```
-Infinity
```

3. NaN

NaN（Not a Number）是 JavaScript 保留字，表示该数不是合法数值。

例如：用一个非数字字符串做除法运算：

```
let x = 100 / "Apple";
x;
```

运行结果：

```
NaN
```

2.4.2 布尔类型

布尔类型表示正确或错误、真或假，只有 true 和 false 两个值，通常用于数据比较或逻辑运算。

JavaScript 中的符号 ">" 和 "<" 是关系运算符，用来判断运算符左右两个操作数的大小关系是否成立，计算结果是布尔值。

例如：

```
10>9
```

显然 10>9 成立，故运行结果：

```
true
```

又如：

```
5<4
```

由于 5<4 不成立，故运行结果：

```
false
```

布尔类型的数据通常用于检验数据的有效性，以及实现程序控制和分支等功能。

2.4.3 字符串类型

字符串是一个文本序列，用来表示文本。例如，姓名、出生年月、地址，以及之前运用 prompt() 方法输入的数据均是字符串类型。

1. 字符串直接量

JavaScript 语法规定，由 " " 或 ' ' 括起来的字符、数字、符号等序列称为字符串直接量。例如，"Jack"、"3.14"、"1980 年 09 月 10 日" 和 '上海市工程技术管理学校' 等均是字符串直接量。

从数据类型的概念上讲，"3.14"和数值 3.14 是不同的数据类型，"3.14"仅代表形式为"3.14"的数字和符号组成的文本。

需要注意的是，字符串是文本序列，数值运算 1+1 的结果是 2，而字符串"1+1"并不等于 2，也不等于"2"，仅表示文本序列"1+1"。

例如，在控制台输入以下代码：

```
console.log("3+4")
```

运行结果：

```
'3+4'
```

因为"3+4"是字符串直接量，"3"、符号"+"和"4"在程序中仅被当作文本处理，所以控制台原样输出字符串"3+4"。

2. 单引号和双引号

JavaScript 语法规定，单引号括起来的字符串中可以包含双引号，双引号括起来的字符串中可以包含单引号。

例如：

```
'His name is "Jack"';
"His name is 'Jack'";
```

上述均是 JavaScript 语言合法的字符串。

3. 转义字符

有些字符在程序中具有特殊的含义或作用，如"\"。

例如，在控制台中输入以下代码，观察输出结果：

```
console.log("c:\windows\system")
```

运行结果：

```
c:windowssystem
```

由于"\"在 JavaScript 中具有特殊含义，故字符串"\"需要通过转义字符"\\"来表示。

例如：

```
console.log("c:\\windows\\system");
```

运行结果：

```
"c:\windows\system"
```

当以单引号定义的字符串中包含单引号，或者以双引号定义的字符串中包含双引号时，也需要利用转义字符做相关的转义处理。

例如：

`'I\'am a student'`

将"\"转义为"'"，运行结果：

`"I'am a student"`

表 2-4-1 中列出了 JavaScript 中常用的转义字符及含义。

表 2-4-1

转 义 字 符	字　　符
\'	单引号
\"	双引号
\&	和号
\\	反斜杠
\n	换行符
\r	回车符
\t	制表符
\b	退格符
\f	换页符

值得注意的是，除了关键字、字符串的字母组合，JavaScript 引擎通常将其解释为变量或标识符，若未定义则导致程序运行错误。

例如：

`console.log(Hello);`

显然，JavaScript 引擎将 Hello 识别为变量，由于该变量未被定义，故导致程序错误。

```
VM2096:1 Uncaught ReferenceError: Hello is not defined
    at <anonymous>:1:13
```

2.4.4　undefined 与 null

undefined 与 null 是 JavaScript 语言中特殊的值，它们不是数字、字符串和布尔值。

当变量未被初始化时，其值为 undefined，说明这个变量的值不存在。

例如：

```
let x;
x;
```

第一行代码定义变量 x 时未对其赋值,第二行代码读取变量 x 中的值为 undefined。

运行结果:

```
undefined
```

null 用来描述空值,通常用于对象。

2.5 类型转换

JavaScript 是动态类型语言,变量中存储的数据的数据类型是可变的。另外,为了获得正确的运算结果,通常需要将参与运算的数据转换为相同类型,例如,在控制台中利用 prompt() 方法输入的数据与数值类型的数据做算术运算时,需要先将输入的数据转换为数值类型,然后进行相关的算术运算。

数据类型转换是较重要的知识点。

JavaScript 语言提供两种类型转换的方法:自动类型转换和显式类型转换。

2.5.1 自动类型转换

当两个不同类型的数据参与运算时,JavaScript 解释器将对这些数据做自动转换。

例如:

```
"5" + 1
```

当字符串参与 "+" 运算时,JavaScript 引擎自动把数值类型转换为字符串类型,并做字符串连接运算。

运行结果:

```
"51"
```

又如:

```
"5" - 1
```

当字符串参与 "-" 运算时,JavaScript 引擎自动将字符串类型转换为数值类型,并执行减法操作,运行结果:

```
4
```

再如:

```
"5"-"s"
```

JavaScript 试图将字符串 "s" 转换为数值类型,由于 "s" 不能转换为任意数值类型,故

运行结果：
```
NaN
```
尽管 JavaScript 可以实现自动类型转换，但是运行结果往往意想不到。养成良好的编程习惯，在运算前应确保参与运算的数据类型相同，或者运用下面介绍的显式类型转换方法，强制将不同类型的数据转换为相同类型的数据后再运算。

2.5.2 显式类型转换

在运算前将不同的数据类型转换成相同的数据类型是规范的编码方式，这样可以有效避免程序错误的发生。

例如：
```
let a=prompt();
console.log(a+10);
```
之前介绍过，利用 prompt() 方法输入的数据是字符串类型。字符串和数值的"+"运算实际执行连接操作。

输入 30，运行结果：
```
"3010"
```
实现显式类型转换最简单的方法就是使用 Number()、String() 等全局对象实现转换。

例如，字符串应该和字符串做相关的连接运算，而数值和数值参与相关的算术运算，这种思想才是符合逻辑思维惯例的。

1. 将字符串转换为数值

全局方法 Number() 可以将字符串中的数值转换为数值类型的数据。例如，将 "3.14" 转换为 3.14，空字符串转换为 0，其他字符串转换为 NaN。

例如：
```
Number("3.14");
```
运行结果：
```
3.14
```
又如：
```
Number("");
```
运行结果：
```
0
```

再如：

```
Number("John");
```

因为"John"不能转换为数值，所以运行结果：

```
NaN
```

【例 2.1】 输入两个数值，计算它们的和。

程序设计思想：

因为参与加法运算的两个数据必须为数值类型，所以先运用 Number()将利用 prompt()方法输入的字符串转换为数值类型，再做加法运算。

程序：

```
let a=Number(prompt());
let b=Number(prompt());
console.log(a+b);
```

第一行代码运用 Number()方法将输入的数据转换为数值，然后赋值给变量 a；第二行代码与第一行代码类似；第三行代码输出 a 与 b 的和。

需要注意的是，由于"()"优先级别较高，故程序优先执行内层"()"内的运算，再执行外层"()"内的运算。对于上述程序的执行顺序，首先执行 prompt()方法，然后将输入的数据转换为数值类型。此外，应该确保括号成对出现，遗漏任一括号将导致程序运行错误。

优先级的更多内容将在后续章节进行介绍。

运行上述程序，当用户输入两次数值并单击"确定"按钮后，控制台上输出运行结果。

例如，依次输入数值 10、20，运行结果：

```
30
```

2. 将数值转换为字符串

利用全局方法 String()能够将数值转换为字符串，该方法可用于任何类型的数字、字母、变量和表达式。

例如：

```
String(100)
```

运行结果：

```
'100'
```

又如：

```
String(100+200)
```

程序将先对括号内的"100+200"执行加法运算,再将结果转换为字符串类型。

运行结果:

'300'

注意,运行结果中的"'"表示运行结果为字符串类型的数据。

再如:

String(100)+String(200);

运行结果:

'100200'

顺序结构程序设计

程序设计是将算法写入计算机指令序列的过程,简单地说,就是编写程序的过程,将问题的解决方案转化为计算机语言,指示计算机执行任务并解决问题。

程序设计的目标是运用程序设计语言,按照特定的规则描述需要实现的功能,创造新的东西,小到简单的网页开发,大到搜索引擎、人工智能。程序设计是分析和构建可执行的计算机程序,以完成特定计算结果或执行特定任务的过程。程序设计涉及系统分析、生成算法、分析算法的准确性和资源消耗,以及利用程序语言实现算法等任务。

掌握了前两章的基础知识,就可以开始编写基本程序。本章介绍程序设计思想和方法,首先介绍算法的基本概念,然后介绍最基本的顺序结构。

程序设计需要技巧、逻辑思维和丰富的经验,让我们从顺序结构程序设计进入程序设计的新世界。

3.1 算法基础

计算机科学进步的主要原因之一是算法不断优化。算法决定了程序执行的效率,随着数据量不断增加,算法的效率决定了软件系统的性能,是人工智能、计算机网络等技术高速发展的基础。

假设一个算法控制飞机的自动运行轨迹，如果每次调整轨迹的运算要花费数秒的时间，那么这种算法是不可行的。

学习算法的要点：寻找行之有效的最优算法完成目标任务。在正式进入程序设计之前，了解基本的算法知识是非常必要的。

3.1.1 算法的概念

从程序设计的角度来看，算法（Algorithm）是解决任何问题的逐步过程。算法是一种有效的方法，表示为一组定义明确的有限指令，是对解题方案准确且完整的描述，是一系列解决问题的清晰指令。

程序设计的核心是算法，其作用是描述解决问题的路径与方法。算法有以下特征。

1. 有穷性

算法的有穷性是指算法在执行有限个步骤之后必须能终止。

2. 确切性

算法的确切性是指算法的每个步骤必须有确切的定义。

3. 输入性

一个算法有 0 个或多个输入，以刻画运算对象的初始情况。0 个输入是指算法本身定义了初始条件。

4. 输出性

一个算法有 1 个或多个输出，以反映数据加工后的结果。没有输出的算法是没有意义的。

5. 有效性

算法执行的任何计算步骤都可以被分解为基本的可执行的操作步骤，即每个计算步骤都可以在有限时间内完成。

3.1.2 算法的描述

算法的描述方法有多种，常用的有自然语言、伪代码、流程图等，其中应用较广泛的是流程图。

1. 用自然语言描述算法

自然语言就是人们日常使用的语言，可以是中文、英文等。用自然语言描述算法，就是把算法的每个步骤使用人们熟悉的语言表达出来。

【例3.1】求a、b、c三个数中的最大值。

用自然语言可以将其描述为：

① 比较前两个数的大小；

② 将①中较大的数与第三个数进行比较；

③ 步骤②中较大的数即最大值。

2. 用伪代码描述算法

伪代码用介于自然语言与程序语言之间的文字和符号来描述算法，相比计算机语言，用伪代码描述算法的形式灵活、格式紧凑，没有严格的语法。

【例3.2】求圆的面积。

使用伪代码可以将其描述为：

```
Begin（算法开始）
    输入半径r;
    x ← 3.14*r*r;
    输出 x;
End （算法结束）
```

3. 用流程图描述算法

用流程图描述算法可以说是当今应用较广泛的算法描述方法。流程图中规定了符号、连接线及描述表达程序运行规则。

常用的流程图符号有以下几种。

（1）开始和结束的标志：椭圆形，符号为：

该符号表示一个过程的开始或结束。将"开始"或"结束"二字写在符号内。

（2）过程（或活动）的标志：矩形，符号为：

该符号表示过程中一个单独的步骤。将活动的简要说明写在矩形内。

（3）判定（或决策）的标志：菱形，符号为：

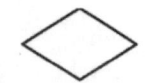

该符号表示过程中的一项判定或一个分叉点。将判定或分叉的说明写在菱形内，常以问题的形式出现。对该问题的回答决定了判定符号之外引出的路线，每条路线都标上相应的回答。

（4）连线（或流线）的标志：箭头，符号为：

$$\longrightarrow$$

该符号表示一个过程的方向。

（5）连接的标志：圆圈，符号为：

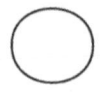

该符号表示流程图的待续。圆圈内有一个字母或数字。在相互联系的流程图内，连接符号使用同样的字母或数字，表示各个过程是如何连接的。

（6）数据的标志：平行四边形，符号为：

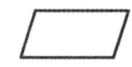

该符号表示数据任何种类的输入或输出，如接收信息或发布信息。

3.1.3 算法举例

【例3.3】使用自然语言描述 1+2+3+4+5+6 的和。

（1）利用自然语言描述如下：

① 将 1 和 2 求和，得到 3。

② 将 3 和 3 求和，得到 6。

③ 将 6 和 4 求和，得到 10。

④ 将 10 和 5 求和，得到 15。

⑤ 将 15 和 6 求和，得到最终运算结果 21。

（2）在以上描述中引入变量，将每次求和运算的结果存放到变量中，这样更接近计算机语言。

① 计算 1 和 2 的和，计算结果 3 存放到变量 a 中。

② 读取变量 a 中的值，和 3 求和，计算结果 6 存放到变量 a 中。

③ 读取变量 a 中的值，和 4 求和，计算结果 10 存放到变量 a 中。

④ 读取变量 a 中的值，和 5 求和，计算结果 15 存放到变量 a 中。

⑤ 读取变量 a 中的值，和 6 求和，计算结果为最终结果 21。

【例 3.4】将例 3.1 的算法用流程图表示，如图 3-1-1 所示。

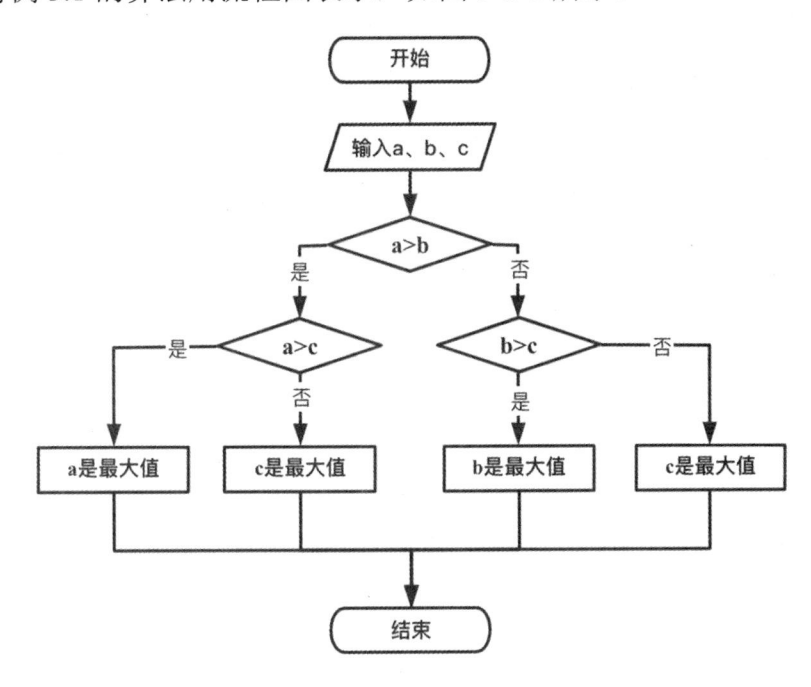

图 3-1-1　求变量 a、b、c 中的最大值

显然，图比文字描述更直观，易于理解，也便于发现逻辑错误。

3.2　表达式和语句

3.2.1　表达式

利用表达式可以计算出一个值，其通常由数据和运算符组成。

例如：

3+2-1

这段代码是一个算术表达式。运行该表达式，先计算 3 与 2 的和，再使结果和 1 做减法运算。

除了直接量，变量也可以出现在表达式中。

例如：

i+3

这段代码读取变量 i 的值与 3 做加法运算。

尽管表达式通过计算得到某个计算结果，但是它并不影响程序中的其他对象，也不影响程序执行，可以说它对程序是无副作用的。

3.2.2 语句

表达式不改变程序的运行状态。若要改变程序的运行状态，需要使用具有副作用的语句。语句是完整的指令。赋值是最基本的语句，它改变变量的值，对程序是有副作用的。

例如：

```
i=10+20;
```

这段代码将运算结果 30 赋值给变量 i，i 中原有的数据被覆盖，最终保存的数据为 30。

3.2.3 复合语句

之前介绍的语句均以单行形式存在，一次执行一行语句。除此之外，JavaScript 也支持复合语句，即利用花括号将多条语句括起来，从而形成一个语句块。

例如：

```
{
    let i;
    i=10;
    i=10-5;
}
```

复合语句中的所有语句可被看成一个整体，要么全部执行，要么都不执行，按照语句的先后顺序执行。

对于复合语句，在编写程序时需要注意以下几点：

① 语句块中的每条语句以分号结束，但语句块的结尾不需要分号。

② 因为整齐的缩进能使代码清晰易读，又能代表层次关系，所以语句块中的语句都需缩进，通常缩进四个空格或一个制表符的位置。

复合语句是程序中相对独立的逻辑单元，普遍运用在 while 循环体、if 分支结构等程序结构中。

3.3 顺序结构

前面介绍的程序都是简短的，基本仅包含几行代码，用于介绍变量、赋值及基本的语句等。尽管这些示例的代码行不多、结构简单，但是代码的执行次序严格依照其在程序中出现的先后次序，若要调整语句的执行次序，只能修改其在程序中的位置。

顺序结构是最简单的程序结构，也是最常见的。在程序设计时，只要按照解决问题的逻辑，顺序写出相应的语句即可。

如图 3-3-1 所示为顺序结构程序流程图。

【例 3.5】输入边长，计算正方体体积。

程序设计思想：

这是一个典型的顺序结构可以解决的问题，实现起来较简单：先获取正方体的边长，然后利用公式计算体积，最后输出计算结果。

如图 3-3-2 所示为计算正方体体积的流程图。

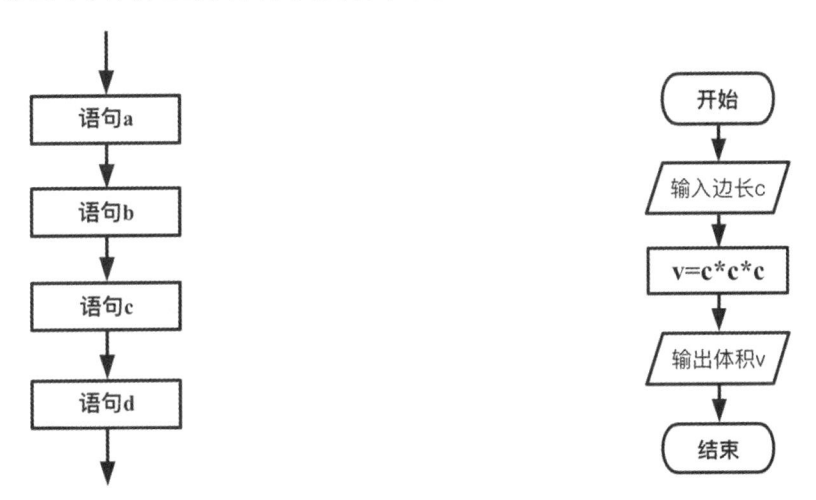

图 3-3-1　顺序结构程序流程图　　　　图 3-3-2　计算正方体体积的流程图

算法由以下几个步骤组成：

① 输入正方体的边长 c。

② 利用公式 v=c*c*c 计算体积。

③ 输出体积 v。

程序：

```
let c=Number(prompt());
let v=c*c*c;
console.log(v);
```

第一行代码输入正方体的边长，并将其存放到变量 c 中；第二行代码计算体积并赋值给变量 v；第三行代码在控制台中输出变量 v 的值。

尽管上例只包含三行语句，但却清晰地描述了一个完整的程序所包含的输入、运算、输出这三个环节，是较典型的顺序结构程序。

值得一提的是，由于本书之前的内容主要介绍程序设计的基本概念，故示例代码较简单，利用控制台可以直观、便捷地输入并显示运行结果。本书从本章开始正式进行程序编写，在控制台中编辑代码较烦琐，安装一款编辑器可以提高程序编写的效率。

EditPlus、NotePad++、Visual studio Code 等均是当前较流行的编辑器，它们均支持 JavaScript 程序的编辑和运行。读者可以安装其中一款编辑器，以便于后续学习。

3.4 赋值运算

赋值运算符 "=" 的优先级相当低，当它的右侧是一个直接量或变量时，直接做赋值运算；当它的右侧是一个表达式时，先计算表达式的值，再赋值。

关于优先级的更多内容将在后续章节探讨。

例如：

```
let a=10;
a=a+10;
console.log(a);
```

第一行代码定义变量 a 并赋值 10；第二行代码读取变量 a 中的值并和 10 相加，运算结果保存到变量 a 中；最后一行代码输出变量 a 的值。

运行结果：

```
20
```

3.5 算术运算

JavaScript 支持加、减、乘、除、取模等算术运算，分别对应符号 "+" "-" "*" "/" "%"。参与运算的数据称为操作数，上面的运算需两个操作数参与，称为二元运算。

假设 y=5，表 3-5-1 介绍了算术运算的运算规则。

表 3-5-1

运算符	描述	实例	运算结果 x=	运算结果 y=
+	加法	x=y+2	7	5
-	减法	x=y-2	3	5

续表

运算符	描 述	实 例	运算结果 x=	运算结果 y=
–	负值	x=-y	-5	5
*	乘法	x=y*2	10	5
/	除法	x=y/2	2.5	5
%	取模（余数）	x=y%2	1	5

对于其他科学运算，需要利用 JavaScript 中的 Math 对象所提供的方法实现。

3.5.1 自增和自减

JavaScript 语言提供了用于变量递增或递减的运算符：自增运算符"++"和自减运算符"--"。自增运算符"++"使操作数增1，自减运算符"--"使操作数减1。

例如：

```
let y=10;
y++;
console.log(y);
```

"y++"相当于执行语句 y=y+1，即将 y 的值增1后再赋值给 y。

运行结果：

11

又如：

```
let x=10;
x--;
console.log(x);
```

运行结果：

9

"++"和"--"这两个运算符的特殊之处在于：它们可以作为前缀运算符，即运算符在操作数之前；也可以作为后缀运算符，即运算符在操作数之后。

这两种形式要求操作数均为变量，运算结果都是在原操作数的基础上增1或减1。它们的不同之处在于，++y 先将 y 递增，再使用 y 的值，也就是说，表达式++y 的值是对 y 增1后的值；y++则先使用 y 的值，再对 y 增1，也就是说，表达式 y++的值是 y 中的原始值。

例如：

```
let i=1;
```

```
j=++i;
console.log(i);
console.log(j);
```

"++i"作为前缀运算符,先对i执行增1运算,结果为2,再将运算结果2赋值给变量j。

运行结果:

```
2
2
```

又如:

```
let i=1;
j=i++;
console.log(i);
console.log(j);
```

"i++"作为后缀运算符,先将i的值1赋给变量j,再执行自减1运算。

运行结果:

```
2
1
```

3.5.2 算术运算的优先级

基于编程语言的语法规范,每种运算符均有相应的优先级。当一个表达式由不同的运算符组成时,JavaScript引擎将按照每个运算符的优先级计算表达式的值。

基于已经学过的运算符,下面从高到低列出它们的优先级:

① ()。

② ++、--(后缀,如i++、i--)。

③ -(一元运算符)。

④ ++、--(前缀,如++i、--i)。

⑤ *、/、%。

⑥ +、-。

⑦ =。

虽然不必记住所有运算符的优先级,但是有些重要规则需要熟记:乘法和除法的优先级高于加法和减法;赋值运算的优先级低于其他运算,通常是最后执行的;"()"的优先级最高,始终最先运行;内层"()"的优先级高于外层"()"。

例如：
```
w=2+3*4;
console.log(w)
```
显然，乘法运算符"*"的优先级高于加法运算符"+"，所以先执行乘法运算，再执行加法运算。另外，赋值运算符"="总是在最后运算，在右侧表达式完成计算后再执行赋值操作。

运行结果：
14

若想先运算加法，则必须通过显式使用"()"来调整表达式的执行次序。

为了让加法先执行、乘法后执行，可以这样编写表达式：
```
w=(2+3)*4;
console.log(w);
```

运行结果：
20

又如：
```
let x=((2+3)*2)*4-1;
console.log(x);
```

内层"()"先于外层"()"运算，因此首先运算内层"()"中的表达式"2+3"；然后将结果 5 与 2 做乘法运算，得到 10；再继续做后面的乘法和减法运算；完成所有运算后将结果赋予变量 x。

运行结果：
39

值得一提的是，当在程序编写过程中不能确定运算符的优先级时，最简单的方法是使用"()"强行调整表达式的运算次序。另外，在表达式中适当添加"()"也可以提高代码的可读性。

3.5.3 算术运算的结合性

所谓结合性，是指当相同优先级的运算符在同一个表达式，且不存在运算符"()"时，运算符和操作数的结合方式。如果表达式左右两侧的运算符的优先级相同，则运算顺序取决于运算符的结合方向。

通常有从左到右结合和从右到左结合两种方式。假设#是一个运算符，对于表达式 a#b#c，如果#是左结合，则该表达式被解析为(a#b)#c；如果#是右结合，则该表达式被解析为 a#(b#c)。

算术运算符的结合方向是自左向右的。

例如：

```
a+b-c
```

+和-的优先级相同，程序运行时首先计算 a+b，再执行-c 的运算。

上述代码等同于：

```
(a+b)-c
```

大部分运算符的结合性是自左向右的，而赋值运算符的结合性是自右向左的。

例如：

```
i=i-j*5;
```

相当于：

```
i=i-(j*5);
```

当一个表达式中出现多个赋值运算符时，运算顺序是自右向左的。

例如，通过以下方式对多个变量赋值：

```
let i=j=k=0;
```

对于运算的优先级和结合性，读者不必死记硬背，在需要的时候查询相关资料即可。

3.6 字符串运算

程序中涉及的字符串运算基本是连接运算，即将多个字符串拼接为一个字符串，对应的运算符是"+"。

例如，下面的代码实现两个字符串的连接：

```
"hello"+"World"
```

运行结果：

"helloWorld"

又如：

```
"3"+"2"
```

运行结果：

32

需要注意的是，对字符串做算术运算是没有意义的。

例如：

```
3+"6"
```

运行结果：

```
"36"
```

另外，当数值和字符串参与"+"运算时，因为JavaScript提供的自动转换功能不能完全符合实际需求，所以在编写表达式时需要结合需求对相关数据做必要的显示转换，从而得到正确的运算结果。否则，运算结果将没有意义，或者得到奇怪的结果。

【例3.6】 字符串连接实例。

已知程序如下：

```
let i=10;
let j=20;
let str=i+"+"+j+"="+i+j
console.log(str);
```

程序分析：

需要注意的是，字符串中的""""总是匹配右侧离它最近的""""。也就是说，分析一个字符串表达式的方法：从左侧的第一个""""寻找右侧离它最近的""""，它们括起来的是一个完整的字符串。

注意观察第三行代码赋值号"="右侧的表达式，根据""""和""""的匹配规则，可以发现表达式中的"+"和"="是两个字符串直接量，而其余的"+"是字符串连接运算符，即下列代码中粗体部分的"+"。

```
i+"+"+j+"="+i+j
```

因为上述表达式同时存在数值和字符串两种数据类型，所以 JavaScript 将自动把数值类型转换为字符串类型。若变量i和j被字符串"10"和"20"替换，则整个表达式相当于下述表达式：

```
"10"+"+"+20+"="+10+20
```

运行结果：

```
10+20=1020
```

显然，上述表达式未得到正确的运算结果，请做适当修改，以使程序输出正确结果"10+20=30"。

对于字符串的其他运算，例如，求字符串长度和求子串等，将在后续章节探讨。

3.7 顺序结构程序举例

3.7.1 计算圆的周长和面积

【例 3.7】已知圆的半径为 5，编写程序计算圆的周长和面积。

程序设计思想：

对于圆的周长和面积的计算，只需根据相应的计算公式计算周长和面积，再输出运算结果即可。

程序：

```
const PI=3.14
let r=5;
console.log("圆周长为："+2*PI*r);
console.log("圆面积为："+PI*r*r);
```

运行结果：

```
圆周长为：31.4
圆面积为：78.5
```

3.7.2 交换变量的值

【例 3.8】已知变量 a 和 b 分别存放 10 和 20，编写程序交换它们的值。

程序设计思想：

交换两个变量的值是相对简单的算法。试想，如果直接执行赋值语句"a=b"或"b=a"，则原先变量 a 或 b 中存储的值将被覆盖，算法不成立。

显然，本例的实现需要先引入变量 t，以暂存变量 a 的值，然后将变量 b 赋值给变量 a，最后将变量 t 赋值给变量 b。变量 a 和 b 交换的过程如图 3-7-1 所示。

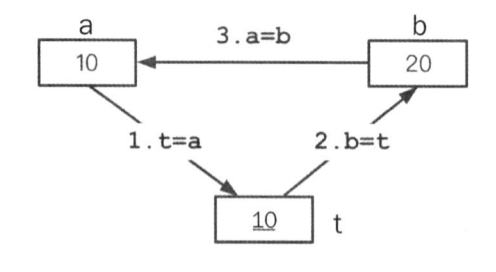

图 3-7-1 交换变量 a 和 b 的流程

通过上述算法分析，结合顺序结构程序编写方法，编写以下程序。

程序：

```
let a=10;
let b=20;
let t=a;
a=b;
b=t;
console.log("完成交换后变量a的值为"+a);
console.log("完成交换后变量b的值为"+b);
```
运行结果：

完成交换后变量a的值为20
完成交换后变量b的值为10

分支结构程序设计

上一章介绍了基本的程序结构——顺序结构，在这种程序结构中，语句按照顺序的方式执行，完成当前语句的执行后继续执行下一个语句。

然而，在很多情况下，程序的执行依赖某些条件的成立与否，或者根据条件从预设的多条路径中选择其一执行，这就是分支结构要解决的问题。

JavaScript 语言提供两种分支结构：if 语句基于条件判断的结果决定程序的分支；switch 语句实现多分支的程序结构。

4.1 条件判断

现实生活中需要判断的情况比较多。

例如，"今天下雨则带伞"，需要判断"今天是否下雨"，如果下雨则带伞；"周六去郊游"，"周六"是一个判断，如果条件成立则去郊游，流程图如图 4-1-1 所示。又如，"如果买到飞机票就坐飞机去北京，否则坐动车去北京"，判断条件是"买到飞机票"，条件成立与否将决定坐何种交通工具去北京，流程图如图 4-1-2 所示。上述判断在本书的后续部分被称为条件判断。

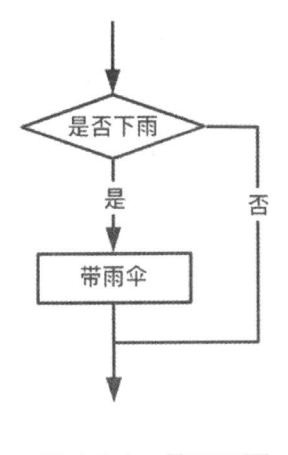

图 4-1-1　是否下雨

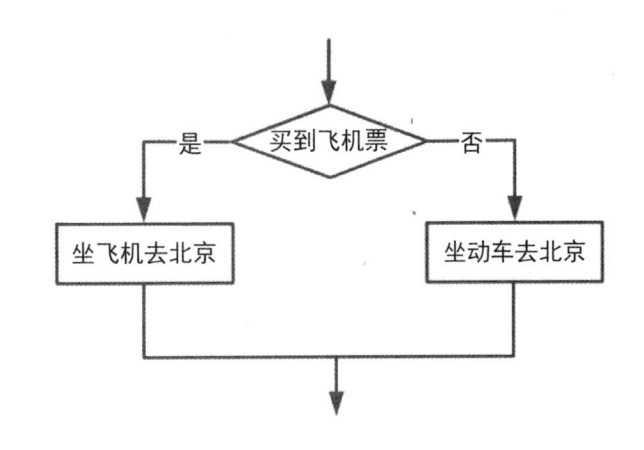

图 4-1-2　是否买到飞机票

4.2　关系运算与逻辑运算

条件判断的结果是布尔值 true 或 false，这是分支结构的关键，也是编写这类程序的前提，条件判断的结果将影响程序的走向。

关系表达式可以构成基本的条件判断表达式，代码如下：

```
x>10
```

上述表达式判断变量 x 的值是不是大于 10。

又如，判断变量 name 的值是否与字符串"Jack"，代码如下：

```
name=="Jack"
```

尽管关系运算可以构成基本的条件判断，例如，求绝对值时判断变量是否小于 0，但当条件判断包含多个子条件时，就需要结合逻辑运算编写复杂的条件判断表达式。

本节先介绍关系运算，再介绍逻辑运算。

4.2.1　关系运算

关系运算也称为比较运算，实现两个数据的比较。JavaScript 语言中的关系运算符"=="、"！="、">"、">="、"<"和"<="，分别判断左右两个操作数之间的"等于"、"不等于"、"大于"、"大于或等于"、"小于"和"小于或等于"关系。

参与关系运算的操作数可以是数值、字符串或布尔值，也可以是一个变量或表达式，运算结果是布尔值 true 或 false。

例如：

```
2==3
```

上例判断数值 2 与 3 是否相等，运算结果为 false。

例如：

```
let x=10;
console.log(x==10);
```

运行结果：

```
true
```

又如：

```
let x=10;
console.log(x>10);
```

运行结果：

```
false
```

下面的代码展示了表达式参与关系运算：

```
let x=10;
console.log(x<(x+10));
```

运行结果：

```
true
```

除比较数值大小之外，关系运算也经常用来比较字符串之间的"等于"和"先后"等关系。

例如：

```
"hello"!="Hello"
```

上述代码判断文本"hello"和"Hello"是否不相等。因为"h"与"H"是两个不同的字符，故运行结果：

```
true
```

又如：

```
let s="Jack"
console.log(s=="Jack")
```

上述代码比较两个字符串是不是相等。

运行结果：

```
true
```

字符串中的字母在字典中出现的先后顺序也可以通过关系运算得到。

例如：

```
console.log("b">"a");
```

因为字符串"b"在"a"之后,故运算结果:

true

又如:

```
console.log("ba">"bc");
```

因为两个字符串中的第一个字母均为"b",故继续比较第二个字母。

运行结果:

false

需要注意的是,尽管参与关系运算的操作数可以是任意类型,但是只有类型相同时运算的结果才是有意义的。

分析以下代码是否有意义:

```
10>3
10>"3"
"a">"b"
```

第一行代码对两个数值做比较,是有意义的;第二行代码参与比较的两个数分别是数值和字符串类型,是无意义的;第三行代码对两个字符串做比较,也是有意义的。

需要注意的是,在对不同类型的数据做比较前,应将它们转为相同的数据类型。

4.2.2 逻辑运算

现实生活中需要结合多个条件判断的情况也比较多。

例如:如果周日是晴天,则大家去郊游。

上例由两个条件组成:①是否是周日;②是否是晴天。仅当两个条件都满足时才去郊游,这两个条件之间的关系称为逻辑"与"。

又如:求绝对值大于3的数。

数 x 的绝对值大于3有两种情况:①x>3;②x<-3。数 x 只需满足任意一个条件,其绝对值即大于3,这两个条件之间的关系称为逻辑"或"。

再如:求绝对值小于3的数。

绝对值小于3的数,在数轴上表示为居于-3至3之间的数,即①x>-3;②x<3。同时满足条件①和②的数的绝对值才小于3,所以这两个条件之间的关系称为逻辑"与"。

JavaScript 语言中的运算符"&&"、"||"和"!"分别代表逻辑"与"、"或"和"非"运算。参与逻辑运算的操作数可以是一个布尔值,也可以是一个表达式,运算结果为 true 或 false,

下面分别予以介绍。

1. 逻辑"与"

"&&"运算符连接左右两个操作数做"与"运算。语法如下：

```
a&&b;
```

对于逻辑运算"与"，仅当 a 和 b 操作数的值均为 true 时，运算结果为 true；若任何一个操作数的值为 false，则运算结果为 false。

例如：

```
console.log(true&&false);
```

对于"&&"的运算顺序，JavaScript 解释器首先计算其左侧操作数的值，再计算其右侧操作数的值，最终做"与"运算。

运行结果：

```
false
```

又如，表达式参与逻辑运算：

```
let x=0,y=0;
console.log((x==0)&&(y==0))
```

上例判断 x 和 y 的值是不是都是 0。由于暂不了解关系运算和逻辑运算的优先级，利用"()"包围左右两个关系表达式，使它们先做运算。

左侧操作数是表达式"x==0"的值，为 true；右侧操作数是表达式"y==0"的值，为 true，因此运算结果为 true。

值得一提的是，对于"&&"运算，仅在第一个表达式和第二个表达式均为 true 时结果为 true。也就是说，当第一个表达式为 false 时，"&&"运算结果必然是 false，因此第二个表达式将被忽略，不予计算。

例如，思考运行下列代码后 i 的值：

```
let i=10;let j=20;let a=1;let b=1;
console.log((a>b)&&(j>i++));
```

又如：

```
let i=10;let j=20;let a=1;let b=1;
console.log((a==b)&&(j==i++));
```

【例 4.1】编写逻辑表达式，判断 x 的绝对值是否小于 3。

若 x 的绝对值小于 3，需要同时满足两个条件：①x<3；②x>-3。

要实现本例的要求，需使用"&&"连接上述两个条件，使 x 在-3 和 3 之间，即"(x<3)&&(x>-3)"。

2. 逻辑"或"

"||"运算符对左右两个操作数做"或"运算。语法如下：

a||b

对于"或"运算，任意一个操作数的值为 true 时，运算结果为 true；仅当两个操作数的值均为 false 时，运算结果为 false。

例如：

true||false

运行结果：

true

又如：

```
let a=3;b=3;
console.log((a==4)||(b>3));
```

运算结果：

false

需要注意的是，尽管在大多数情况下"||"运算符只做简单的"或"运算，然而该运算符和"&&"一样，也具有一些较复杂的特性。

对于"或"运算，首先也是计算左侧操作数的值，如果运算结果为 true，则返回 true。如果左侧操作数的运算结果是 false，则计算右侧操作数的值，并返回这个操作数的运算结果。

分析下列两组代码运行结束后 i 的值。

代码 1：

```
let i=10;let j=20;let a=1;let b=1;
console.log((a==b)||(j>i++));
```

代码 2：

```
let i=10;let j=21;let a=1;let b=1;
console.log((a>b)||(j==i++));
```

3. 逻辑"非"

运算符"!"代表逻辑运算"非"。对于"非"运算，参与运算的操作数只有一个，该运算符是一元运算符。

"非"运算将操作数的布尔值取反。如果操作数 x 的值为 true，则"!x"的运算结果为 false，反之为 true。语法如下：

```
! a
```

例如：

```
let x=true;
console.log(!x);
```

运行结果：

```
false
```

显然，连续运用两次运算符"!"，将得到一个和操作数等值的布尔值。

例如：

```
let x=true
console.log(!!x);
```

运行结果：

```
true
```

4.2.3 关系运算与逻辑运算的优先级

运算符的优先级是决定表达式中各类运算执行次序的关键。

下面先介绍关系运算和逻辑运算的优先级，然后介绍常用运算符的优先级。

1. 关系运算的优先级

JavaScript 提供六种关系运算符，分别是"=="、"!="、">"、">="、"<"和"<="。

关系运算符的优先级如下：

① 关系运算符"=="和"!="的优先级相同。

② 关系运算符">"、">="、"<"和"<="的优先级相同。

③ 前两种关系运算符的优先级低于后四种。

例如：">"的优先级高于"==";">"和"<"的优先级相同。

④ 关系运算符的优先级低于算术运算符、高于赋值运算符。

例如：

```
a>b+c
```

由于算术运算符的优先级高于关系运算符，故该表达式相当于下述表达式：

```
a>(b+c)
```

又如：

a==b>c

由于">"的优先级高于"=="，故其与下述表达式等价：

a==(b>c)

再如：

a=b>c

由于赋值运算符的优先级低于关系运算符，故该表达式等价于下述表达式：

a=(b>c)

【例 4.2】已知 a=10、b=30、c=20，分析下列表达式的运行结果。

1）a+b>b+c

由于算术运算的优先级高于关系运算，故先计算"a+b"，得到 40；再计算"b+c"，得到 50；最后判断关系运算"40>50"是否成立。

运行结果：

```
false
```

2）a=c>b+c

由于算术运算的优先级高于逻辑运算，而且这两种运算的优先级都高于赋值运算，故先计算"b+c"，得到 50；再执行关系运算"c>50"，即"20>50"的结果为 false；最后执行赋值运算，将 false 赋值给变量 a。

2. 逻辑运算的优先级

逻辑运算符的优先级由高到低依次为"!"、"&&"、"||"。由于关系运算的优先级高于逻辑运算，故当一个表达式中同时存在关系运算和逻辑运算时，先做关系运算再做逻辑运算。

例如：

```
console.log(3==3&&3!=4)
```

首先计算关系表达式"3==3"，再计算关系表达式"3! =4"，最后对这两个关系表达式的计算结果做"&&"运算。

运行结果：

```
true
```

3. 常用运算符的优先级

当一个表达式同时包含算术运算、关系运算、逻辑运算和赋值运算时，了解运算符的优先级显得尤为重要。

下面从高到低列出常用运算符的优先级：

① ()。

② ++、--（后缀，如 i++、i--）。

③ !。

④ -、+（一元运算符）。

⑤ ++、--（前缀，如++i、--i）。

⑥ *、/、%。

⑦ +、-。

⑧ >、>=、<、<=。

⑨ ==、!=。

⑩ &&。

⑪ ||。

⑫ 条件运算"...?...:..."。

⑬ =。

值得注意的是，当无法记住运算符的优先级时，可以利用"()"包围优先运算的表达式。

例如：

3==3&&3!=4

等价于：

(3==3)&&(3!=4)

又如：

(x>y)||(a==b)

等价于：

x>y||a==b

再如：

(!x)&&(x>y)

等价于：

!x&&x>y

4.3　if 语句

在理解条件判断、关系运算和逻辑运算的相关概念，以及条件判断表达式的编写方法后，就可以编写分支结构程序。JavaScript 语言提供了基本的 if、if/else、if/else if 语句，以及 if 语句嵌套等分支结构，在编写程序时应仔细分析程序流程，选用合适的分支结构。

4.3.1　基本的 if 语句

"绿灯行、红灯停"是基本的交通规则。"绿灯"是条件判断，只有在这个条件满足时，机动车才可以通行。该规则可以使用基本的 if 语句实现。

基本的 if 语句是分支结构中最简单的语句，只含有一个分支。若满足条件，则执行某些语句，否则跳过 if 语句执行后续语句。

基本的 if 语句：

```
a;
//开始执行 if 语句
if(condition){
    statements;
}
//if 语句结束
b;
```

代码说明：

① condition 是一个条件判断表达式，由运算结果决定是否进入 if 语句。

② 紧跟"if(condition)"的是由一对"{}"包围的语句块，也称为复合语句，可以包含一条或多条语句。

当完成语句 a 的执行后，执行后续的 if 语句；进入 if 语句前先做条件判断，然后根据结果确定程序的走向。

① 若条件成立，则先执行 statements 代码块，再执行语句 b。

② 若条件不成立，则跳过 statements 代码块，执行后续的语句 b。

需要注意的是，if 语句虽然包含多行代码，但是它们是一个整体，是一个语句，可以将其看成和 a、b 语句并列的单条语句。

基本的 if 语句的流程图如图 4-3-1 所示。

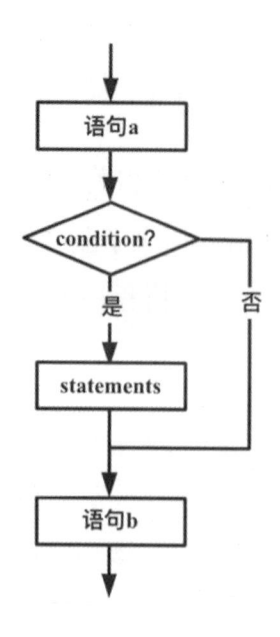

图 4-3-1　基本的 if 语句的流程图

设计分支程序时往往先分析程序流程，并绘制相应的程序流程图，最后根据流程写出程序。将程序分析与编码分开，可使问题简单化，易于理解，从而编写出高质量的代码。

【例 4.3】输入一个数，并求其绝对值。

程序设计思想：

求绝对值的算法取决于这个数与 0 的大小关系，条件判断是这个数是不是小于 0。如果条件成立，则这个数的绝对值是其相反数，否则是其本身。

故本例的条件判断表达式为"x<0"，结合流程图 4-3-2 和 if 语句的语法编写程序。

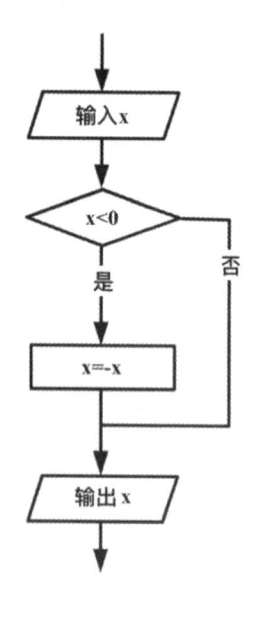

图 4-3-2　求绝对值的流程图

程序：
```
let x=Number(prompt());
if(x<0){
 x=-x;
}
console.log(x);
```

程序说明：

当"x<0"成立时，该数的绝对值是其相反数，故执行语句"x=-x"；否则该数的绝对值是其本身，直接输出这个数即可。

运行结果：

① 输入 5，输出：

5

② 输入-5，输出：

5

需要注意的是，if 语句后的"{}"需成对出现，否则将导致语法错误，影响程序的正常运行。

值得一提的是，JavaScript 的语法规定，在 if 语句中，当满足条件只执行一条语句时，可以省略"{}"。这种方法同样适用于后续介绍的 for、while 等语句。

例如：
```
if (a>b)
    message="Please specify a mailing address";
```

对于初学者，建议始终为 if 语句添加"{}"，并为相关的语句添加缩进。这样不仅能够提高程序的可读性，还可以避免歧义或 bug 的产生。

【例 4.4】输入两个数，并按照由大到小的顺序输出这两个数。

程序设计思想：

先将用户输入的数据保存到变量 a 和 b 中，并对这两个数进行比较：如果 a 小于 b，则交换它们的值；否则 a、b 的次序已满足题意，不做任何操作；最后按照 a、b 的顺序输出。相应的程序流程图如图 4-3-3 所示。

本例的判断条件是"a<b"，结合 if 语句和交换变量 a、b 的算法，编写以下程序：

程序：
```
let a=Number(prompt());
let b=Number(prompt());
```

```
if(a<b){
    let t=a;
    a=b;
    b=t;
}
console.log(a);
console.log(b);
```

程序分析：

从上述程序可以看出，当判断条件"a<b"不成立时，则满足本例要求，故不做任何操作，执行 if 语句后的输出语句。

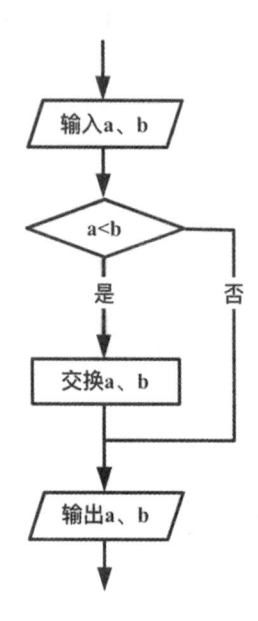

图 4-3-3　按照由大到小的顺序输出变量 a、b 的流程图

4.3.2　if/else 语句

if/else 语句在基本的 if 语句的基础上增添了当条件判断不满足时程序的另一分支，这种结构为程序提供了两种可选的流程。

if/else 语句：

```
a;
if (condition){
    statements-a;
}
else{
    statements-b;
}
```

b;

代码说明：

if/else 语句在基本的 if 语句后增加了 else 分支，当条件判断为 false 时执行该分支。如图 4-3-4 所示为 if/else 语句的流程图。

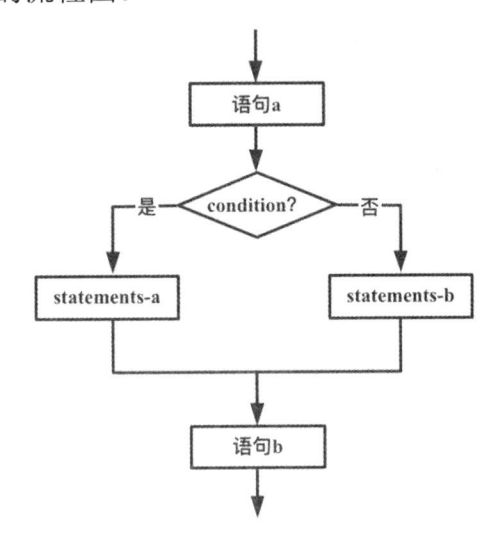

图 4-3-4　if/else 语句的流程图

对于 if/else 语句，当条件判断的值为 true 时仍然执行 statements-a 代码块，否则执行 statements-b 代码块。对于这种结构，要么执行 statements-a 代码块，要么执行 statements-b 代码块，再执行 if/else 语句后续的语句 b。

【例 4.5】根据用户输入的成绩输出相应的信息：如果成绩小于 60 分，则显示"不合格"；反之显示"合格"。

程序设计思想：

本例中的条件判断是"成绩是否小于 60 分"，结合 if/else 语句，根据成绩为变量 str 赋值，最终输出变量 str 的值。

程序：

```
let score=Number(prompt());
let str=" "
if(score<60)
{
    str="不合格";
}
else{
    str="合格";
}
console.log(str);
```

运行结果:

① 输入 80,输出:

合格

② 输入 59,输出:

不合格

【例 4.6】输入一个数,如果其是奇数,则显示"该数是奇数";如果其是偶数,则显示"该数是偶数"。

程序设计思想:

判断奇偶数是本例的关键,判断原理:将这个数除以 2 取余数,根据余数再做判断。当余数为 1 时,该数是奇数,否则为偶数。

根据上述思想编写条件判断表达式"a%2==1",结合 if/else 语句编写以下程序。

程序:

```
let a=Number(prompt());
if(a%2==1){
    console.log("该数是奇数")
}
else{
    console.log("该数是偶数")
}
```

运行结果:

① 输入 10,输出:

该数是偶数

② 输入 59,输出:

该数是奇数

如果将以上条件判断表达式改为"a%2!=1"或"a%2==0",需对程序做何调整?

4.3.3 if /else if/else 语句

if/else 语句实现了程序的两条分支,而当程序中存在更多分支逻辑时,可以使用 if/else if/else 语句。

if/else if/else 语句:

```
a;
if(condition-1){
```

```
    statements-1;
}
else if(condition-2){
    statements-2;
}
else if(condition-3){
    statements-3;
}
else if(condition-n){
    statements-n;
}
else{
    statements-n+1;
}
b;
```

代码说明：

① 这种分支结构允许程序存在 n+1 个分支。

② 程序在执行过程中依次执行 if、else if 分支中的条件判断，如果条件成立，则进入并执行相应分支的代码块。

③ 如果上述条件判断均不满足，则进入 else 分支并执行 statements-n+1 代码块。注意，else 分支不需要编写条件判断。

④ 对于 if/else if/else 分支结构，有且只有一个分支先被执行，然后执行后续的语句 b。

if 语句嵌套流程图如图 4-3-5 所示。

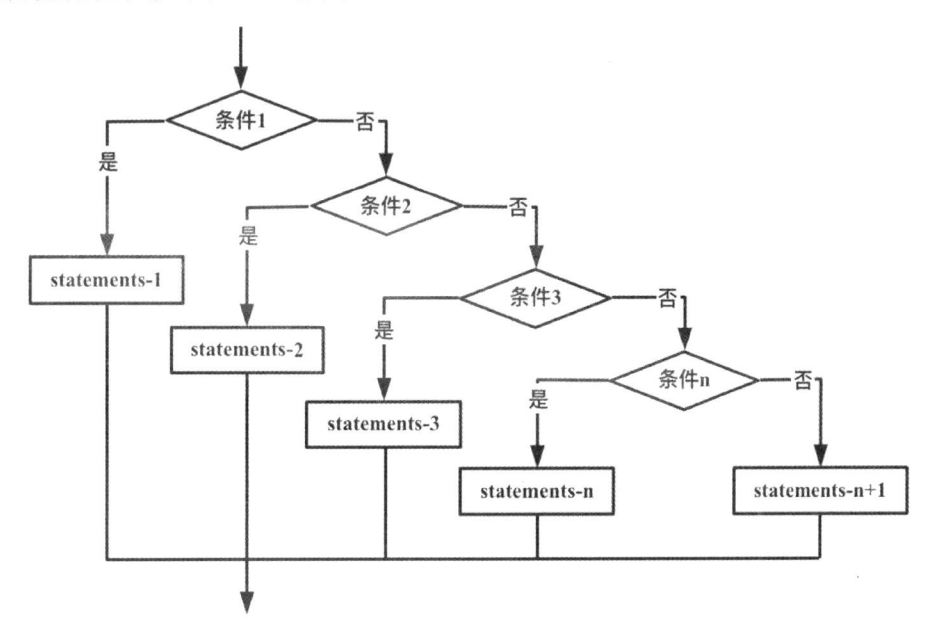

图 4-3-5 if 语句嵌套流程图

【例 4.7】 输入成绩，并输出成绩等级。如果成绩大于或等于 60 分且小于 70 分，则输出 D；如果成绩小于 80 分，则输出 C；如果成绩小于 90 分，则输出 B；如果成绩小于或等于 100 分，则输出 A；如果成绩小于 60 分，则输出 E。

程序设计思想：

程序应有五个分支输出结果"A"、"B"、"C"、"D"和"E"，应使用 if 语句嵌套。

由于输出结果由成绩所在的区间决定，故各分支编写区间判断表达式。

程序：

```
let score=prompt("请输入成绩：");
if(score>=60&&score<70) {
    console.log("D");
}
else if(score>=70&&score<80) {
    console.log("C");
}
else if(score>=80&&score<90){
    console.log("B");
}
else if(score>=90&&score<=100){
    console.log("A");
}
else{
    console.log("E");
}
```

运行结果：

① 输入 70，输出：

C

② 输入 90，输出：

A

③ 输入 50，输出：

E

在实际应用中，还需要考虑输入的数据是不是一个数值，或者输入的数值是不是小于 0 等情况。

另外，对于 if/else if/else 结构有以下几点值得注意：

① 当分支结构中出现多个 if/else if 时，应确保 else if 与 if 的正确匹配。JavaScript 语法

规定，else 或 else if 总是向上匹配最近的 if。

② 对于复合语句中的"{"和"}"，"}"匹配其上方（左侧）离它最近的"{"；"{"匹配其下方（右侧）离它最近的"}"。

③ 分析嵌套"{}"时，最好的方法是按照由内往外的次序，从最内层的"{"开始，匹配其下方（右侧）的"}"，直到完全匹配正确。

④ 如果存在单个的"{"或"}"，则说明程序遗漏"}"或"{"，导致语法错误。发生这种问题时，应根据程序逻辑仔细排查，找出遗漏的符号。

4.4 条件运算

条件运算符是一个三元运算符，由符号"?"、":"及三个操作数（condition、value1、value2）组成。

语法如下：

```
condition?value1:value2;
```

代码说明：

操作数 condition 是一个条件判断表达式；value1 和 value2 可以是一个值，也可以是一个表达式。

条件运算的结果要么是 value1，要么是 value2，取决于条件判断表达式 condition。如果表达式的结果为 true，则结果为 value1，否则结果为 value2。如图 4-4-1 所示为条件运算流程图。

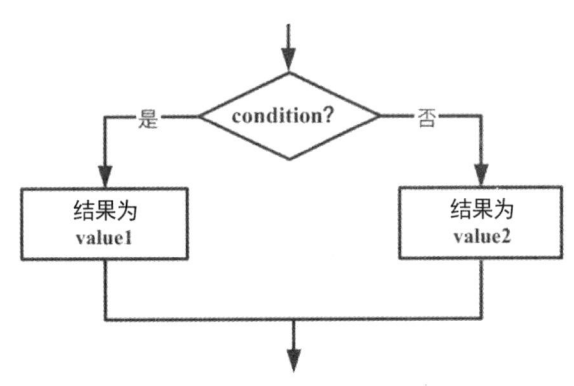

图 4-4-1　条件运算流程图

请看以下代码：

```
a>b?a:b;
```

本例中的条件判断"a>b"决定整个表达式的值：如果"a>b"成立，则结果为 a，否则结果为 b，即在 a、b 两个变量中取较大值。

条件运算通常与赋值运算组合使用，以实现选择性赋值。

【例 4.8】运用条件运算改写例 4.5。

程序设计思想：

本例中的条件判断是"成绩是否小于 60 分"，结合条件运算的语法编写表达式，并将该表达式的值赋予变量 str，最终输出变量 str 的值。

程序：

```
let score=Number(prompt());
let str=score<60? "不合格": "合格";
console.log(str);
```

值得一提的是，赋值运算符"="的优先级低于条件运算符，故执行条件运算后执行赋值运算。

运行结果：

① 输入 80，输出：

合格

② 输入 50，输出：

不合格

4.5 switch 语句

尽管 if 嵌套结构实现了程序的多个分支，但是当各分支都依赖相同的条件判断表达式时，这种结构会降低程序的效率。

【例 4.9】if 语句片段：

```
let score=Number(prompt());
if(n%16==1){
    statements-1;
}
else if(n%16==2){
    statements-2;
}
else if(n%16==3){
    statements-3;
```

```
}
……
……
else{
    statements-n+1;
}
```

从上述程序可以看出，程序在进入各分支前均执行"n%16"的运算，当表达式更复杂时程序运行效率欠佳。

switch 语句是另一种分支结构，利用单次运算实现不同分支，避免 if 结构带来的弊端。

switch 语句：

```
a;
switch(expression){
    case value1:
        statements-1;
        break;
    case value2:
        statements-2;
        break;
    case value-n:
        statements-n
        break;
    default:
        statements-n+1;
        break;
}
b;
```

代码说明：

① switch 语句由表达式"expression"、"case"和"default"组成。

② 每个分支以关键字"case"开始。紧跟"case"的"value"是一个值或表达式，它是进入该分支的关键；":"后是该分支相关的代码块。

③ default 分支类似 if 嵌套结构中的 else 分支，是所有分支条件都不满足时进入的分支。

switch 语句按照以下规则执行：

① 先计算表达式 expression 的值。

② 将表达式的值依次与每个 case 后的 value 做比较，如果相等，则执行该分支的语句块；如果所有的比较都失败，则执行 default 分支。

值得注意的是，各分支代码块最终均以关键字 break 结尾，其作用是跳出 switch 语句，执行后续的语句 b。

【例 4.10】switch 语句片段。

请注意，下面的程序和例 4.9 实现的功能是一样的。

程序：

```
let n=Number(prompt());
switch(n%16){
    case 1:
        statements-1;
        break;
    case 2:
        statements-2
        break;
    case 3:
        statements-3;
        break;
    ……
    ……
    default:
        statements-default;
        break;
}
```

需要注意的是，条件判断的运算结果是布尔类型，而 switch 语句中的 expression 表达式的运算结果不仅可以是数值类型，也可以是字符串等类型。

按照 JavaScript 语法，虽然 default 分支可以位于 switch 语句中的任何位置，但是将它移至 switch 语句的末尾更符合思维习惯，易于理解。

4.6 分支结构程序举例

4.6.1 闰年的判断

【例 4.11】编写程序，实现对闰年的判断。

程序设计思想：

本例的关键是闰年的判断。闰年需满足以下条件中的任意一个：

① 该年份能被 400 整除。

② 该年份能被 4 整除且不能被 100 整除。

根据算法,画出闰年判断方法的流程图,如图 4-6-1 所示。

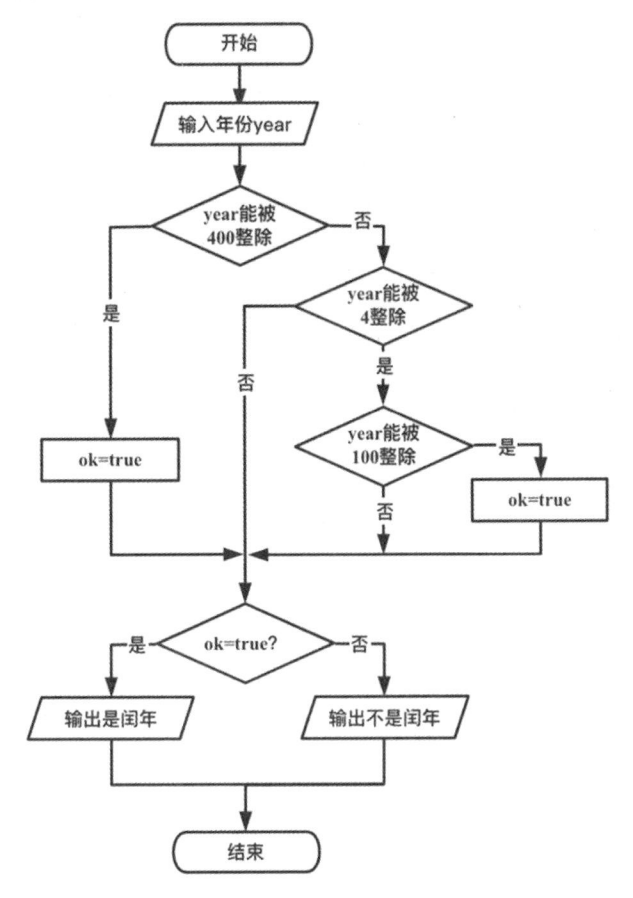

图 4-6-1　闰年判断方法的流程图

根据对流程图的分析,本例利用多个 if/else 结构即可实现程序的功能。

程序 1:

```
let ok=false;
let year=Number(prompt());
if(year%400==0) {
    ok=true;
}
else
{
    if(year%4==0) {
        if(year%100!=0){
            ok=true;
        }
    }
}
if(ok==true){
    console.log(year+"年是闰年");
```

```
}
else{
    console.log(year+"年不是闰年");
}
```

程序分析：

运用 if/else 结构对上述两个条件进行分支。对于条件②，依次运用两次 if/else 结构判断相应的条件。

在程序中定义变量 ok，并赋初值 false，仅当满足闰年的条件判断时将 ok 的值修改为 true。最终根据 ok 的值输出判断结果。

运行结果：

① 输入 2000，输出：

2000 年是闰年

② 输入 2100，输出：

2100 年不是闰年

还可以利用一条逻辑表达式实现闰年的判断。

程序设计思想：

若是闰年，则条件①和条件②满足逻辑关系"或"即可，可以利用"||"运算符连接条件①和条件②，构成一个逻辑表达式。

条件①的条件判断同程序 1，即"year%400==0"。

条件②的条件判断由"年份能被 4 整除"和"年份不能被 100 整除"这两个关系组成，它们的逻辑关系是"与"。将这两个关系表达式组合为一个逻辑表达式，即："(year%4==0)&&(year%100!=0)"。

最后将条件①和条件②用逻辑运算符"&&"连接，即可满足闰年判断的条件。

程序 2：

```
let ok=false;
let year=Number(prompt());
if((year%400==0)||((year%4==0)&&(year%100!=0))) {
    ok=true;
}
if(ok==true){
    console.log(year+"年是闰年");
}
else{
    console.log(year+"年不是闰年");
}
```

程序分析：

由于本例的条件判断表达式既包含逻辑运算，又包含关系运算，为使表达式清晰且易于理解，利用"()"分隔两个表达式，并将需要优先运算的表达式括起来。

4.6.2 最大值问题

【例 4.12】输入 3 个数，将它们分别保存到变量 a、b、c 中。要求：①输出最大值；②按照从小到大的顺序输出 a、b、c 的值。

（1）输出 a、b、c 3 个数中的最大值。

程序 1 设计思想：

将输入的 3 个数分别保存到变量 a、b、c 中，先默认 a 是最大值，接着按照以下规则排序。

① 先比较 a 和 b 的大小，如果 a 大于 b，则比较 a 和 c 的大小，两者中的较大值是最大值。

② 如果 a 小于 b，则比较 b 和 c 的大小，两者中的较大值是最大值。

根据上述思想，画出如图 4-6-2 所示流程图。

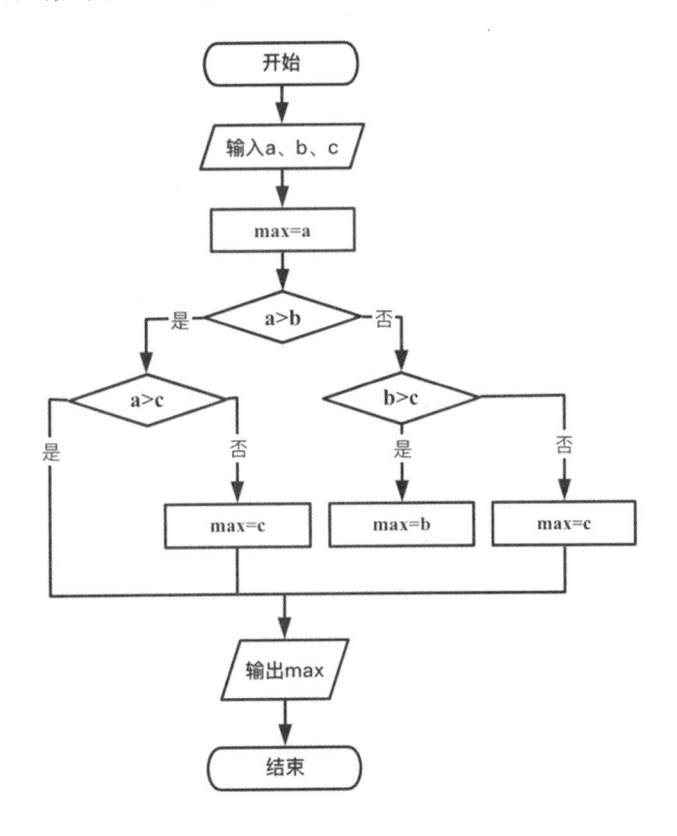

图 4-6-2　取最大值流程图

程序：

```
let a = Number(prompt("请输入 a 的值"));
```

```
let b = Number(prompt("请输入b的值"));
let c = Number(prompt("请输入c的值"));
let max="a";
if (a > b) {
    if(a<c){
        max="c";
    }
}
else {
    if(b>c){
        max="b"
    } else {
        max="c"
    }
}
console.log("max is "+max);
```

程序分析：

程序在开始处定义变量max，并赋初值"a"，即默认变量a中的值最大，仅当变量b或c为最大值时，修改变量max的值。

程序2设计思想：

利用 if/else if/else 结构，分别编写条件判断表达式，满足变量a或b为最大值；如果a和b均不是最大值，则c为最大值。

程序：

```
let a = Number(prompt("请输入a的值"));
let b = Number(prompt("请输入b的值"));
let c = Number(prompt("请输入c的值"));
if (a>b&&a>c) {
    console.log("a is max");
}
else if(b>a&&b>c){
    console.log("b is max");
}
else {
    console.log("c is max")
}
```

（2）实现a、b、c按照从小到大的顺序排列。

程序设计思想：

将较大数往后移动，较小数往前移动。执行过程如下：

① 首先比较 a 与 b 的大小，如果 a 大于 b，则交换 a 与 b 的值；然后继续比较 b 与 c 的大小，如果 b 大于 c，则交换 b 与 c 的值。

完成本轮比较后，最大值经过交换已经存放到变量 c 中了。

② 接下来只需比较前两个变量 a 与 b 的大小即可，如果 a 大于 b，则再次交换 a 与 b 的值。

经过上述反复比较和交换过程，变量 a、b、c 的排列顺序已经满足了要求。

假设 a=30，b=20，c=10，下面列出了每次比较后变量 a、b、c 中保存的值。

初始值：30，20，10

第一次：**20，30**，10

第二次：20，**10，30**

第三次：**10，20**，30

其中的粗体文字代表发生了数据交换。

程序：

```
let a = Number(prompt());
let b = Number(prompt());
let c = Number(prompt());
//a 和 b 比较
if (a>b) {
  let t=a;
  a=b;
  b=t;
}
//b 和 c 比较
if (b>c) {
  let t=b;
  b=c;
  c=t;
}
//a 和 b 比较
if (a>b) {
  let t=a;
  a=b;
  b=t;
}
```

本例介绍了排序的基本思想，通过比较和交换的有机结合实现了基本的排序。虽然上述代码实现了 3 个数的排序，但是当参与排序的数据量很大时，代码量是巨大的，显然这种方法不是最佳的解决方案。本书将在后续章节介绍数组及其排序的算法和方法。

5 循环结构程序设计

前面介绍了顺序结构和分支结构，利用它们已经能够编写程序处理顺序或分支问题。然而，当某些语句反复处理某些数据时，例如，重复输入数据、累加、在页面绘制 50 行×50 列的网格等，就要使用另一种重要的程序结构，循环结构。

顺序结构、分支结构、循环结构是结构化程序设计的基本结构，这三种结构往往不是孤立存在的。在循环结构中有分支结构、顺序结构，以及在分支结构中有循环结构、顺序结构等情况是较普遍的。在实际编程过程中，往往组合运用这三种结构，实现各种复杂的程序逻辑。

5.1 循环的概念

当存在需要重复处理的问题时，最原始的方法是重复编写解决问题的代码。基于目前所学知识，若在控制台输出 0~9 这 10 个数字，只能重复编写 10 行输出语句实现。

【例 5.1】输入 3 名学生的成绩，并求平均分。

程序设计思想：

首先定义 3 个变量存储用户输入的成绩，然后编写算术表达式对这 3 个变量求和，再运用除法计算平均分。

程序：

```
let a=Number(prompt("请输入成绩"));
let b=Number(prompt("请输入成绩"));
let c=Number(prompt("请输入成绩"));
let aver=(a+b+c)/3;
console.log("平均分为:"+aver);
```

运行结果：

依次输入 88、89、90，输出：

平均分为：89

尽管上述程序能够实现平均分的计算，但是当学生数较多时，利用这种方法实现的程序代码量大、重复，显然不是明智的解决方法。

为解决程序中重复运算的问题，几乎每种程序语言都提供了循环结构，处理重复执行这一问题。

JavaScript 语言提供了 for、while、do/while 几种循环结构。

5.2　for 语句

最常见的循环语句是 for 语句，这种结构适合循环次数或循环终止条件明确的场合。

for 语句语法：

```
for(initialize;test;increment){
    statements;
}
```

代码说明：

for 语句由循环判定语句和循环体两部分组成。

循环判定语句用一对 "()" 括起来，内部包含 initialize、test、increment 三个表达式。其中，表达式 initialize 作为循环的初始化操作、表达式 test 作为进入循环的条件判断、表达式 increment 用来更新计数器。

循环体 statements 是需反复执行的语句，是一个复合语句或语句块。

for 语句执行流程如下。

① 表达式 initialize 在循环开始之前执行，且在整个循环结构中只执行一次。该表达式定义一个计数器变量，并给这个变量赋初值，在本书的后续部分，这个计数器变量被称作计数器。

② 表达式 test 是一个条件判断，如果计算结果为 true，则进入循环，否则退出 for 语句。

③ 表达式 increment 通常是一个赋值表达式，用来更新计数器的值。当循环体内的语句执行后，先执行表达式 increment 修改计数器的值，然后执行步骤②。

for 语句流程图如图 5-2-1 所示。

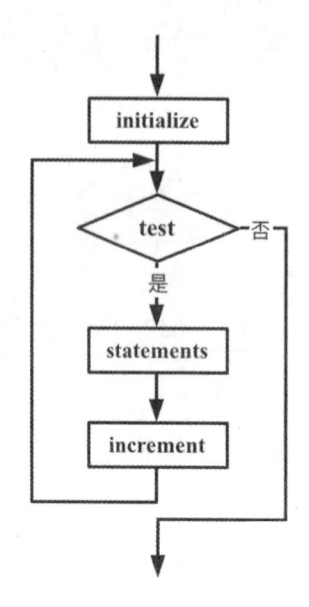

图 5-2-1 for 语句流程图

值得一提的是，for 语句中的计数器是一个变量，结合计数器更新表达式，变量中存储的值将发生规律性变化。

【例 5.2】利用循环结构输出数字 0～9。

程序设计思想：

本例循环次数明确，应使用 for 语句实现。本例的关键是正确定义计数器的初值和条件判断。

根据对输出数字的分析，可以定义计数器 i 并将其初始化为 0，在每次循环结束后对计数器 i 自增，即 i++，从而使计数器的值由 0 变为 1、1 变为 2、2 变为 3、……、9 变为 10。根据题意，因为输出的最大数字为 9，所以当计数器的值为 10 时应停止循环，相应的条件判断表达式为"i<=9"。

根据上述分析，得到循环判定语句中的三个表达式：

① initialize：let i=0。

② test：i<=9。

③ increment：i++或++i。

将以上表达式填入循环判定语句中，得到以下循环判定语句：

```
for (let i=0; i<=9; i++)
```

由于计数器 i 在循环体内可以被视作一个变量，故每次循环时输出计数器的值，即可实现本例要求。本例的循环体只有一行语句：

```
console.log(i);
```

如图 5-2-2 所示为循环输出数字 0～9 的流程图。

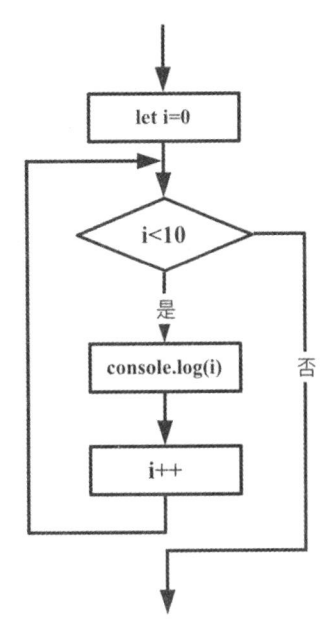

图 5-2-2　循环输出数字 0～9 的流程图

根据上述思想，完成程序编写。

程序：

```
for (let i=0; i<=9; i++){
    console.log(i);
}
```

程序执行过程如下：

① 定义计数器 i 并赋初值 0。

② 判断 i 是否小于或等于 9，如果是，则执行循环体，输出 i 的值，否则退出循环语句。

③ 先执行 i++，再执行步骤②。

计数器 i 由 0 开始，每次循环递增 1。当 i=10 时，表达式"i<10"不成立，故结束循环。

运行结果：略。

需要注意的是，计数器 i 仅在 for 循环体内有效，在循环体外访问这个计数器将导致程序运行错误。

同 if 语句类似，当 for 循环体只有一行代码时可以省略"{}"。将上例修改为以下形式，运行结果相同。

```
for (let i=0; i<=9; i++)
    console.log(i);
```

在例 5.2 中，计数器的初值为 0，每次循环递增 1，当计数器的值为 9 时，循环共执行了 10 次。

需要注意的是，for 语句循环执行的次数由计数器初值、条件判断和计数器更新方式决定。如果计数器初值是 1，每次循环递增 1，当计数器值为 10 时，循环执行了 10 次。

例如，下述代码将输出数字 1~10。

```
for (let i=1; i<=10; i++)
    console.log(i);
```

计数器更新方式非常灵活，如 i--、i=i+2、i=i+3 等，运用这些方法可生成更灵活、更规律的数字序列，满足各种实际需求。

请看以下代码，并分析循环执行的次数：

```
for(let i=1;i<=10;i=i++){
    ……
}
```

再看以下代码，并分析循环执行的次数：

```
for(let i=0;i<=0;i++){
    ……
}
```

【例 5.3】计算数字 1~100 的和。

程序设计思想：

本例需要生成数字 1~100，还有求和（累加）的问题。由于计算机每次仅执行一次加法，所以定义变量、暂存每次加法运算的结果是本例算法得以实现的关键。

算法如下：

① 定义变量 sum 保存每次求和结果，并初始化为 0。

② 运用 for 循环生成数字 1~100。即：

```
for(let i=1;i<=100;i++)
    ……
}
```

③ 循环体内实现求和运算，即先读取上一次求和结果 sum，然后与计数器当前值相加，

将运算结果再次存入变量 sum 中。即：

sum=sum+i;

结合上述思想编写程序。

程序：

```
let sum=0;
for(let i=1;i<=100;i++){
    sum=sum+i;
}
console.log(sum);
```

程序分析：

变量 sum 的初值是 0，计数器 i 的初值为 1，程序执行过程如下：

当 i=1 时，sum 的值为 0，执行 sum+i 相当于 0+1，结果 1 存储至变量 sum 中。

当 i=2 时，执行 sum+i，即 0+1+2，结果 3 存储至变量 sum 中。

当 i=3 时，执行 sum+i，即 0+1+2+3，结果 6 存储至变量 sum 中。

……

当 i=100 时，执行 sum+i，即 0+1+2+…+99+100，结果存储至变量 sum 中。

当 i=101 时，由于条件判断表达式 i<=100 不成立，即退出循环。

显然，完成步骤 100 时，变量 sum 中保存的即 1～100 的和。

如图 5-2-3 所示为本例的流程图。

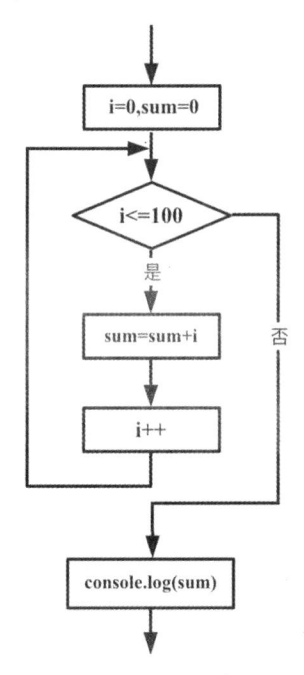

图 5-2-3　求数字 1～100 的和的流程图

5.3 while 语句

while 语句是 JavaScript 语言中的另一种循环结构,这种结构运用条件判断的方式控制循环的执行。

语法如下:

```
while(test){
    statements;
}
```

代码说明:

while 语句由条件判断表达式 test 和循环体 statements 两部分组成,该语句的执行流程如下。

① 在进入循环前计算条件判断表达式 test,当结果为 true 时执行循环体;否则退出循环,执行后续语句。

② 完成循环体执行后,继续从步骤①开始执行。

如图 5-3-1 所示为 while 语句的流程图。

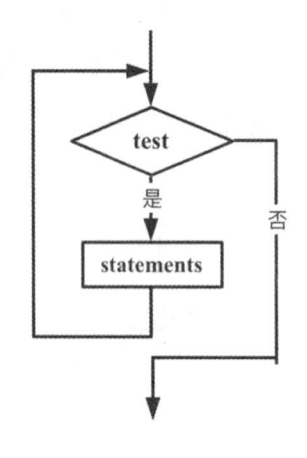

图 5-3-1 while 语句的流程图

对于 while 语句,只要条件判断表达式为 true 就执行循环体,终止 while 循环的唯一条件是条件判断为 false。

然而,可以想象到的是,对于一个初始条件判断结果为 true 的表达式,在其状态未改变的情况下,这个表达式的值将保持不变,即始终为 true,这种现象将导致程序的执行陷入死循环。

为了控制 while 语句的循环次数,避免循环体无休止的执行,通常在循环体内编写语句修改条件判断表达式 test 中变量的值,从而使每一遍循环时条件判断的结果为 false 变为可能,这个具有副作用的语句使循环的终止变为可能。

【例 5.4】 使用 while 语句输出数字 0~9。

程序设计思想：

进入 while 语句之前先定义变量 i 并赋初值 0，在循环体内执行 i++，使变量 i 的值增 1。经过 10 次循环后，变量 i 中保存的值为 10。表达式"i<10"可以作为终止循环的条件判断，当 i 为 10 时终止循环。

程序：

```
let i =0;
while(i<10){
    console.log(i);
    i++;
}
```

运行结果：略。

需要注意的是，如果遗漏语句"i++"，执行上述代码将进入死循环。

【例 5.5】 利用 while 循环输入学生成绩，计算并输出平均分。

程序设计思想：

定义变量 sum 和 i 分别存储成绩求和的结果和输入成绩的次数，并为其赋初值 0。之前对方法 prompt()做了简单介绍，该方法在运行时还有以下特性：

① 当单击"确定"按钮时，语句 prompt()将返回输入的数据。

② 当单击"取消"按钮时，语句 prompt()将返回 null。

根据上述对 prompt()语句的分析，本例实现的思想是：当单击"确定"按钮时，即 prompt()不等于 null 时继续输入；否则结束输入，退出循环。

故循环的条件判断表达式为：

```
score!=null
```

因为 score 的初始值为 0，故循环体得以执行。后续每一次循环将输入的数据与 null 做比较，比较的结果决定循环是否继续执行。

对于求和的方法可以参考前面的例子。

程序：

```
let score=0;
let sum=0;
let i=0;
while(score!=null){
```

```
    score=prompt();
    if(isNaN(score)||score===""||score==null){
        console.log("输入的成绩无效");
    }
    else{
        i++;
        sum=sum+Number(score);
    }
}
console.log("总分:"+sum);
console.log("平均分:"+sum/i);
```

变量 i 不仅控制循环执行，还记录成绩输入的次数，计算总分与次数的商即可计算出平均分。

此外，程序中的 if 语句能够避免输入非数值、空字符串等情况发生，以免影响计算结果。

运行结果：

依次输入 10、20、30，单击"取消"按钮，输出：

总分：60
平均分：20

5.4 do/while 语句

do/while 语句是 JavaScript 语言中循环结构的又一种形式。

语法如下：

```
do{
    statements;
}
while(test);
```

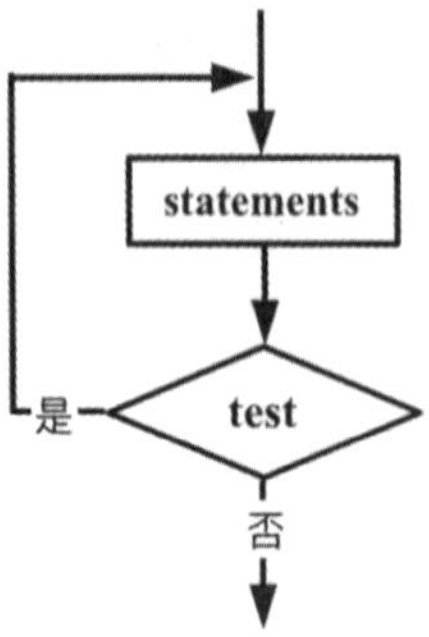

代码说明：

和 while 语句不同的是，do/while 语句中的条件判断表达式 test 在循环体末尾，使不经过判断就进入循环体变为可能。

do/while 语句执行流程（见图 5-4-1）如下：

① 执行一次循环体。

② 当完成循环体的执行后，运行条件判断表达式 test。若结果为 true，则继续执行循环体，否则退出循环。

图 5-4-1 do/while 语句执行流程图

【例 5.6】利用 do/while 语句，输出数字序列 9～0。

程序设计思想：

定义变量 i 的初值为 9，循环体内每次循环结束时执行 i--，实现变量 i 递减。

由于本例规定输出的最小数字为 0，也就是说，变量 i 大于或等于 0 时重复循环，相应的条件判断表达式为"i>=0"，否则结束循环。

程序：

```
let i=9;
do{
    console.log(i);
    i--;
}
while(i>=0)
```

运行结果：略。

5.5 嵌套循环

当一个循环语句内包含另一个循环语句时称为双重循环，外层循环控制内层循环的执行次数。内层循环再嵌套一层的循环为多重循环。

利用 for、while、do/while 语句可以实现循环的嵌套。下面介绍几种常用的嵌套形式。

1. for 语句嵌套 for 语句

```
for()
{
    for(){
    }
}
```

2. while 语句嵌套 for 语句

```
while()
{
    for(){
    }
}
```

3. for 语句嵌套 while 语句

```
for()
```

```
{
    while(){
    }
}
```

【例 5.7】循环输出 5 行 "*****"。

程序设计思想：

本例的实现可以分为两步：第一步是生成 "*****"，第二步是生成 5 行 "*****"。

① 生成 "*****"。

本例是字符串连接问题，每次循环连接 1 个 "*"，即可生成字符串 "*****"。

程序：

```
let s=""
for(let i=0;i<=4;i++){
    s=s+"*";
}
console.log(s)
```

以上 for 循环执行 5 次，字符串连接生成 5 个 "*"。

运行结果：

*****

② 生成 5 行 "*****"。

若要输出 5 行 "*****"，最原始的方法是重复执行上述程序 5 遍。

若将上述代码看作一个整体嵌入一个循环 5 次的循环语句内，即可输出 5 行 "*****"。

程序：

```
for(let j=0;j<5;j++){
    let s=""
    for(let i=0;i<=4;i++){
        s=s+"*";
    }
    console.log(s)
}
```

上述粗体代码输出 "*****"。

运行结果：

*****
*****
*****
*****

★★★★★

值得注意的是，j 和 i 分别是外层循环和内层循环的计数器，它们的作用范围是不同的。其中，j 是外层循环的计数器，在双重循环内有效；i 是内层循环的计数器，仅在内层循环中有效；试图在外层循环中访问计数器 i 将导致程序运行错误。

另外，读者可尝试利用 while、do/while 语句实现上述功能。

5.6 不同循环语句的比较

循环用于处理有规律重复的问题，在大多数情况下，上述三种循环结构均可实现相应的功能，在实际的程序分析阶段需要选择更简便的形式。下面对各种循环语句的运行规律总结如下。

① for 语句适合针对某个有规律的数据范围，尤其适合循环次数已知或循环结束条件明确的场合。

② while、do/while 语句适合循环次数不明确的操作，而且为了结束循环，在循环体内需要编写修改条件判断表达式中变量值的语句，通常是 i++ 或 i-- 这类具有副作用的赋值语句。

正因为条件判断在 do/while 语句的结尾处，所以循环体将至少执行一次。

③ 对于 for、while 语句，必须先判断条件是否成立，再决定是否执行循环体。

5.7 跳转

之前介绍的循环结构都是循环结束条件明确的，也就是说，循环终止条件在循环定义时已经确定，循环的执行基于定义的条件判断结果。

然而，实际程序中存在提前终止循环运行的情况，即由循环体内的语句控制循环的执行方式，这就是程序跳转问题。跳转改变程序的原有流程，或终止循环，或忽略本次循环转而执行下一次循环。

JavaScript 提供三种跳转语句：break 语句、continue 语句和 return 语句。break 语句终止当前循环或 switch 语句；continue 语句忽略本次循环，开始下一次循环；return 语句退出函数体的执行并返回值，具体的介绍将在后续章节展开。

5.7.1 break 语句

break 语句主要用于 switch 语句和循环结构。在循环结构中执行 break 语句即退出循环，执行循环结构之后的语句。

在多重嵌套循环中执行 break 语句，将终止距离它最近的循环，也就是退出它所在的循环结构，对外层循环没有任何影响。

下面将通过例 5.8 和例 5.9 详细介绍 break 语句的具体作用。

【例 5.8】输出数字 1~100 中能被 4 和 7 整除的数。

程序设计思想：

运用 for 语句搭建循环结构，在循环体中利用分支结构判断当前计数器是否能同时被 4 和 7 整除，如果能则输出计数器的值，否则不输出。

对应的流程图如图 5-7-1 所示。

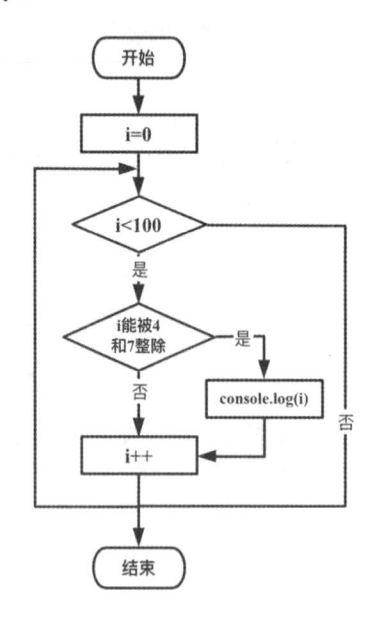

图 5-7-1　输出数字 1~100 中能被 4 和 7 整除的数的流程图

通过上述分析编写程序。

程序：

```
for (let i=1;i<=100;i++) {
   if((i%4==0)&&(i%7==0)){
       console.log(i)
   }
}
```

运行结果：

28
56
84

【例 5.9】 修改例 5.8，输出数字 1~100 中第一个能被 4 和 7 整除的数。

程序设计思想：

本例仅要求输出满足条件的第一个数，也就是说，找到这个数之后不再继续寻找符合条件的数，而是退出循环。

我们可以在例 5.8 的基础上增加 break 语句，从而使循环提前终止。

对应的流程图如图 5-7-2 所示。

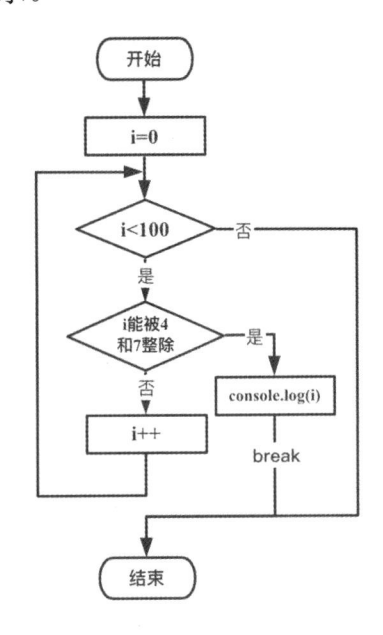

图 5-7-2 输出数字 1~100 中第一个能被 4 和 7 整除的数的流程图

通过上述分析编写程序。

程序：

```
for (let i=1;i<=100;i++) {
    if((i%4==0)&&(i%7==0)){
        console.log(i);
        break;
    }
}
```

执行上述程序，计数器从 1 开始递增，当某数能被 4 和 7 整除时，输出该数并终止循环。

运行结果：

28

5.7.2 continue 语句

continue 语句并不退出循环，只是结束本次循环体的执行，转而执行下一次循环。

下面结合例子介绍 continue 语句对循环结构的影响。

【例 5.10】输出数字 0~100 中的奇数。

程序设计思想：

利用 for 语句构建循环结构，在循环体内对计数器的值进行判断：如果该数是奇数，则执行 continue 语句；否则忽略本次循环，继续执行下一次循环。

程序：

```
for(let i=0;i<=100;i++){
    if(i%2==1){
        continue;
    }
    console.log(i);
}
```

需要注意的是，在不同类型的循环结构中，continue 语句的执行方式是有区别的：

① 在 while 语句中，程序忽略本次循环，检测循环开始处的条件判断表达式，当结果为 true 时继续执行循环体。

② 在 do/while 语句中，程序将执行循环结尾处的条件判断表达式，再根据结果决定是否继续执行循环体。

③ 在 for 语句中，首先执行计数器更新，然后执行循环条件判断，计算结果是循环体是否继续执行的依据。

5.7.3 break 语句和 continue 语句的区别

break 语句结束循环，不再执行循环中的其他操作；continue 语句仅结束本次循环，继续执行条件判断，并根据条件判断的结果决定是否继续下一次循环。

下面分析 break 语句和 continue 语句分别运用于 for 语句时，程序的执行流程。

1. 在 for 语句中使用 break 语句

程序：

```
for(initialize;test;increment){
    ……
    if(condition){
        break;
    }
    statement2;
```

5 循环结构程序设计

......
}

2. 在 for 语句中使用 continue 语句

程序：
```
for(initialize;test;increment){
    ......
    if(condition){
        continue;
    }
    ......
}
```

请大家注意，如图 5-7-3 所示的 break 语句将直接退出，如图 5-7-4 所示的 continue 语句只是不执行本次循环，继续执行下一次循环。

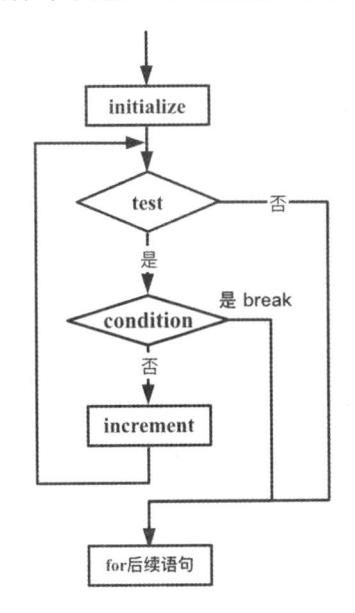

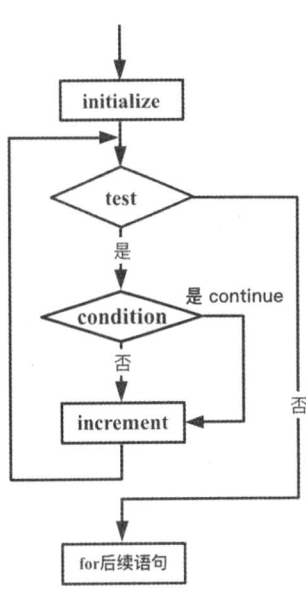

图 5-7-3　在 for 语句中使用 break 语句的流程图　　图 5-7-4　在 for 语句中使用 continue 语句的流程图

5.8　循环结构程序举例

5.8.1　生成数列

【例 5.11】生成数列 1、3、5、7、9、11、13、15。

1. 利用 for 语句实现

程序设计思想：

本例输出 8 个数字，可以利用 for 语句实现，即定义计数器 i 的初值为 0，每次递增 1，相应的条件判断表达式为"i<8"，使计数器的值由 0 开始递增至 7。

由于本例生成的数字构成等差数列，可以利用表达式"2*i+1"生成数列元素。

通过上述分析编写程序。

程序：

```
for(let i=0;i<8;i++){
    console.log(2*i+1)
}
```

程序分析：

① 当计数器 i 为 0 时，生成数字 1。

② 当计数器 i 为 1 时，生成数字 3。

……

⑧ 当计数器 i 为 7 时，生成数字 15。

⑨ 当计数器 i 为 8 时，条件判断失败，退出循环。

值得一提的是，若计数器 i 的初值为 1，条件判断表达式为"i<9"，则需要将生成数字的表达式修改为"2*i-1"。

2. 利用 while 语句实现

程序设计思想：

若利用 while 语句实现，for 语句中的计数器可以用变量 i 代替；while 语句的循环体内利用"i++"实现 i 自增；控制生成数列元素的个数，需利用 while 语句中的条件判断表达式实现，这个表达式和 for 语句中的条件判断表达式相同。

通过上述分析编写程序。

程序：

```
let i=0;
while(i<8){
    console.log(2*i+1);
    i++;
}
```

5.8.2 字符串处理

【例 5.12】输出以下字符串。

```
*
**
***
****
*****
******
```

程序设计思想:

例 5.7 利用循环嵌套输出 5 行 "*****" 的方法对本例的实现有一定的借鉴意义。

本例中每行输出 "*" 的个数和行数相同,具有一定的规律:

① 第 1 行生成 1 个 "*"。

② 第 2 行生成 2 个 "*"。

……

基于外层循环控制行数,内层循环控制每行 "*" 个数的思想,若内层循环次数与外层循环计数器同步,本例即可实现。

外层循环的变量均可以被内层循环使用,故内层循环的条件判断表达式需要在例 5.7 的基础上进行适当调整。

通过上述分析编写程序。

程序:

```
for(let i=0;i<5;i++){
    let s="";
    for(let j=0;j<=i;j++){
        s=s+"*";
    }
    console.log(s);
}
```

程序分析:

代码中的内层 for 循环控制每行 "*" 的个数。其中的粗体表达式控制内层循环的次数小于或等于外层循环计数器 i,以确保 "*" 的个数与行数同步。

当 i 为 0 时,内层循环 j<=0,循环一次,生成 1 个 "*"。当 i 为 1 时,内层循环 j<=1,循环两次,生成两个 "*",……,依次类推。

【例 5.13】输出九九乘法表。

程序设计思想:

本例的实现分为两个步骤，第一步生成九九乘法表的第一行，第二步生成完整的九九乘法表。

1. 生成九九乘法表的第一行

九九乘法表的第一行如下：

1×1=1 1×2=2 1×3=3 1×4=4 1×5=5 1×6=6 1×7=7 1×8=8 1×9=9

观察上述乘法表，可以发现被乘数始终为1，乘数由1变为9。

输出九九乘法表的第一行，可以先定义变量 i 作为被乘数并初始化为 1；然后运用 for 语句定义计数器 j，使 j 的值由 1 递增至 9；循环体内通过字符串连接的方式生成乘法表第一行。

根据上述分析编写程序。

程序1：

```
let s="";
let i=1;
for(j=1;j<=9;j++){
    s=s+" "+i+"*"+j+"="+i*j;
}
console.log(s);
```

程序分析：

① 循环体实现字符串的连接，尤其要注意 """" 的匹配规则。

② 因为 "*" 的优先级高于 "+"，所以表达式 "i*j" 优先于加法运算，从而得到乘法运算结果。

2. 利用循环嵌套生成九九乘法表

九九乘法表如下：

1×1=1 1×2=2 1×3=3 1×4=4 1×5=5 1×6=6 1×7=7 1×8=8 1×9=9

2×1=2 2×2=4 2×3=6 2×4=8 2×5=10 2×6=12 2×7=14 2×8=16 2×9=18

……

9×1=9 9×2=18 9×3=27 9×4=36 9×5=45 9×6=54 9×7=63 9×8=72 9×9=81

从九九乘法表中可以分析出以下规则：

① 乘数始终由1变为9。

② 每一行中的被乘数由1变为9。

显然，在程序1外嵌套一层 for 循环，并将程序1中的 i 作为外层循环的计数器，即可实现本例的要求。

外层循环:

```
for(let i=1;i<=9;i++){
    生成九九乘法表每一行
}
```

将程序 1 复制到上述代码的循环体内,并删除语句"let i=1"。

程序 2:

```
for(let i=1;i<=9;i++){
    let s="";
    let i=1;
    for(j=1;j<=9;j++){
        s=s+" "+i+"*"+j+"="+i*j;
    }
    console.log(s);
}
```

运行结果:略。

6 函数

通过之前的学习，大家已经能够运用 JavaScript 语言编写程序处理实际问题。然而，如果程序实现的功能较多，结构较复杂，程序代码自然会变得庞大。同时，在程序的不同位置可能存在重复实现某些功能的代码，这些重复的代码将导致代码量庞大、冗余，尤其会增加修改和维护的工作量和难度。

函数是解决上述问题最主要的方法之一，基本每种程序语言都提供了函数来解决代码庞大、复用等问题。函数完成某个功能，或者返回某个运算结果，通常由语句调用，或者事件触发执行。

对于任何一门程序语言，精通函数是一项重要技能，利用函数可以降低开发成本，提高程序的可靠性和一致性。尤其在大型、复杂的应用程序开发中，熟练地应用函数，可以分解任务，使编写的程序短小、精悍、易于阅读。

6.1 函数定义

在运用函数前，应对函数名和函数的功能进行详细的定义。

例如，编写求绝对值的函数，需要对它有明确的描述：给函数命名、对什么数求绝对值、求绝对值的程序代码。

定义函数的语法：

```
function 函数名(参数列表){
    函数体
}
```

代码说明：

关键字 function 用来定义函数，其后跟随函数名、参数列表和函数体。需要注意的是，参数列表被"()"包围，函数体被"{}"包围。

【例 6.1】定义函数，在控制台输出字符串"Hello world!"。

程序设计思想：

根据函数定义的语法，利用关键字 function 定义函数，在其后紧跟函数名。

由于本例输出字符串直接量，故不必指定参数；函数功能是实现字符串"Hello world!"的输出，即 console.log("Hello world!")，该语句应包含在函数体"{}"内。

根据上述分析编写程序。

程序：

```
function showHelloWorld(){
    console.log("Hello world!");
}
```

虽然例 6.1 定义了函数 showHelloWorld，但是它不会自动运行。运行函数需要编写相应的调用语句，调用语句通常和函数名一致。

例如，调用函数 showHelloWorld 的方法如下：

```
showHelloWorld();
```

调用函数将在控制台输出"Hello world"。

JavaScript 语言对函数定义有以下规范。

1. 函数名

函数名是标识符的一种，应符合相关的命名规范，并能表示一定的含义。例如，sum、aver、getBirthday、showResult 等均是语义明确的函数名。

2. 参数

被"()"包围，由","分隔的 0 或 n 个标识符，称为参数列表。这些参数用于调用语句和函数之间的数据传递，在函数体内可以当作变量使用。

3. 函数体

函数体是被"{}"包围的 0 或多条 JavaScript 语句。当函数被调用时,就会执行这些语句。

4. 返回值

返回值是函数的运行结果,也称为函数值,这个值可以被赋予调用语句。

关键字 return 用于返回函数值,其后可以是直接量,也可以是表达式,甚至可以是另一个函数。

例如:

```
function plus(){
    return 3+4;
}
```

又如:

```
function fun(){
    ……
    return max(a,b);
}
```

6.1.1 无参数函数的定义

程序中的大部分代码可以按照实现的功能封装为函数。如果定义函数时参数列表为空,则称该函数为无参数函数,其执行结果不受调用语句影响。

【例 6.2】定义函数,输出星号"*****"。

程序设计思想:

首先,为函数命名 output,根据函数定义的语法编写以下函数框架:

```
function output(){

}
```

然后,在函数体内编写输出星号的程序代码。

程序:

```
function output(){
    let s=""
    for(let i=0;i<5;i++){
        s=s+"*";
    }
```

```
        console.log(s)
}
output()
```

代码的最后一行"output()"用来调用函数 output()。

运行结果：

*****

虽然例 6.2 满足了程序设计要求，但是输出"*"的数量固定，显然该程序不够灵活。若要控制输出"*"的数量，应定义带参数的函数。

6.1.2 函数的参数

当函数调用存在数据传递时，需定义带参数的函数，参数实现函数调用时数据的传递。

参数有实参和形参两种。定义函数时，"()"内的参数称为形式参数，简称"形参"；调用函数时，调用语句"()"内的参数称为实际参数，简称"实参"。

实参可以是一个直接量、变量或表达式，在调用函数时传递给形参；形参在函数体内可以当作变量使用。

下面通过例子解释实参和形参。

例如：

```
showString("Hello world");
function showString(str){
    ......
}
```

第一行代码是函数调用语句，"()"内的字符串"Hello world"是实参；第二行代码是函数定义部分，其中的标识符 str 是形参。

在调用 showString()函数时，形参 str 从实参处获取数据，即将字符串"Hello world"传递给参数 str，如图 6-1-1 所示为参数的传递方式。

```
showString("Hello world");
              ↓
function showString(str){
    ......
}
```

图 6-1-1 参数的传递方式

6.1.3 带参数函数的定义

恰当地运用参数，可以使函数功能的灵活性有很大提高。

【例 6.3】 定义带参数函数，控制"*"的个数。

程序设计思想：

首先，在定义函数的同时定义参数 x，以控制输出"*"的数量；其次，修改例 5.7 中 for 语句条件判断表达式，将原控制"*"数量的数字 5 修改为形参 x 即可达到本例要求。

程序：

```javascript
function output(x){
    let s=""
    for(let i=0;i<x;i++){
        s=s+"*";
    }
    console.log(s)
}
output(10);
```

形参 x 用来控制 for 语句生成"*"的个数，在函数被调用时赋值 10。

运行结果：

****

运用函数，可以使程序模块化；运用带参数的函数，可以使程序更方便、灵活。函数可以包含一个或多个参数，实际参数个数取决于实现函数所需的外部数据个数。

【例 6.4】 输入两个数，并输出这两个数中的较大者。

程序设计思想：

本例通过函数调用及参数传递的方式实现数据的比较。

首先，定义函数 max，将待比较的两个数 a 和 b 定义为实参；然后，在函数体内编写实现 a 和 b 比较的代码。

程序：

```javascript
function max(a,b){
    if(a>b){
        console.log("max is:"+a);
    }
    else{
        console.log("max is:"+b);
    }
}
let x=Number(prompt());
let y=Number(prompt());
max(x,y);
```

程序分析：

将输入的两个数分别存入变量 x 和 y，这两个变量的值在调用函数 max(x,y)时分别传递给了形参 a 和 b，在函数体内比较形参 a 和 b 并输出较大数。

运行结果：

输入 10 和 20，输出：

```
max is:20
```

【例6.5】编写函数输出 m 行，每行输出 n 个 "*"。

程序设计思想：

函数定义两个形参 x 和 y，分别控制输出 "*" 的行数与每行 "*" 的个数。修改例5.7的程序，将外层循环和内层循环终止条件判断中的数字直接修改为形参 x 和 y 即可。

根据上述分析编写程序。

程序：

```
function print(x,y){
    for(let j=0;j<x;j++){
        let s="";
        for(let i=0;i<y;i++){
            s=s+"*";
        }
        console.log(s);
    }
}
print(2,5)
```

运行结果：

*****

*****

请注意程序中的粗体代码，这些代码使输出 "*" 的行数和个数取决于调用函数的实参。

6.1.4 参数默认值

定义函数时可以为形参指定默认值，当调用具有默认形参值的函数时，可以不写出实参，相当于以默认值作为形参的值执行函数体。

语法：

参数=参数值

为了直观地介绍参数默认值，请看下面的例子。

【例 6.6】 定义函数输出 1 行 "*"，"*" 的个数由参数指定。

程序设计思想：

按照参数默认值的语法，在函数定义的参数列表内指定参数默认值即可。

程序：

```javascript
function outputLine(a=5){
        let s=""
        for(let i=0;i<=a;i++){
            s=s+"*";
        }
        console.log(s)
    }
console.log(outputLine());
```

程序分析：

以上代码为形参 a 指定默认值 5，且因为函数调用未指定实参，所以函数体内形参 a 的值是 5。

运行结果：

*****

如果在调用函数 outputLine() 时指定实参为 10，则输出：

****

需要注意的是，如果既未在定义函数时为形参设置默认值，又未在调用该函数时指定实参，则函数体内形参的值为 undefined。

例如：

```javascript
function output(a){
    console.log(a);
}
output();
```

运行结果：

undefined

6.1.5 表达式定义

JavaScript 语言中的函数可以通过一个表达式来定义，也就是说，函数定义可以存储在变量中。

例如：

```
let z = function (a,b) {
   console.log(a * b)
};
```

运用这种方式定义的函数可以通过变量名调用。

例如：

`z(4,3);`

运行结果：

`12`

通常，这种函数称为匿名函数，它在 JavaScript 程序中应用广泛。这些内容已超出本书讲解范围，这里不再进一步讨论。

6.1.6 空函数

所谓的空函数，即函数体为空的函数定义，例如：

```
function save(){
}
```

上述函数是一个典型的空函数，调用该函数将不执行任何语句。

虽然空函数没有任何实际作用，但是在程序设计时往往是有用的。在程序设计阶段，往往运用模块化思想将程序功能分解为若干个函数，初期只开发基本的模块，后期为程序添加更多功能。

所以，在编写程序时，先为后续功能定义空函数，相当于先占一个位置，今后需要时再编写相关的函数实现代码。

6.2 函数返回值

前面介绍的函数，实现了"*"的输出、数据比较等功能，这些函数对调用语句无副作用。然而，函数调用也是表达式的一种，它是有返回值的。

6.2.1 返回 undefined

如果函数中没有 return 语句，则函数调用仅执行函数体内语句，执行结束后返回调用语句。在这种情况下，调用函数的结果是 undefined。

【例 6.7】函数调用的返回值。

程序:
```
function sum(a,b){
   console.log(a+b);
}
console.log(sum(10,20));
```

例 6.7 中的函数仅在控制台显示 a 和 b 的和，它将返回 undefined。

运行结束后显示:
```
30
undefined
```

如果函数没有返回值，或者返回 undefined，则该函数对程序是无副作用的。在实际项目中，往往需要先得到函数返回值，再对返回值做其他运算。

6.2.2 指定返回值

之前的函数实现了特定的功能并无返回值。然而，有时候函数是需要返回运算结果的，利用关键字 return 可以给函数指定特定结果。

语法:
```
return expression
```

当执行到 return 语句时，计算 expression 的值返回给调用语句，并终止函数执行。

在程序中，往往将函数调用返回值赋值给一个变量。例如，若要对两个数的和再求平方，则需要先利用关键字 return 返回两个数的和，再对和求平方。

【例 6.8】编写函数求两个数的和。

程序设计思想:

定义函数 sum()计算求和，利用关键字 return 返回计算结果。

程序:
```
function sum(a,b){
   let total=a+b;
   return total;
}
console.log(sum(10,20));
```

运行结果:
```
30
```

尽管在上面的例子中 return 语句出现在函数最后，但是 JavaScript 语法规定该语句可以位于函数体内的任何位置,执行该语句将忽略后续未执行的语句。

例如:

```
function sum(x){
  let s=0;
    for(let i=0;i<1000;i++){
    s=s+i;
    if(i==x)
        return s;
    }
}
sum(10);
```

程序分析:

当计数器 i 等于形参 x 时,执行语句 "return s" 将直接退出函数,返回变量 s 的值。

运行结果:

55

return 关键字可以单独使用而不带有 expression,在这种情况下函数也将返回 undefined。

值得注意的是,return 关键字和它后面的表达式之间不能有换行。另外,一个函数只能返回一个值,如果需要返回更多值,则可以借助数组或对象实现。

6.3 函数调用

之前简单介绍了函数的调用方法,下面对函数调用进行进一步介绍。

函数在被调用之前是不会执行的。同变量一样,函数名也是大小写敏感的,调用函数时应确保大小写与定义函数时完全一致。

函数调用的形式为:函数名(参数列表)。

如果调用无参数函数,则可以省略括号。如果调用有参数函数,则括号内依次填写参数,参数间运用","分割。

函数执行完成后返回调用语句,继续执行后续语句。请看以下程序片段:

```
function a(){
    statement-a; //(2)
}
function b(){
    statement-b; //(4)
```

```
}
a();//(1)
function c(){
    statement-c; //(6)
}
b();//(3)
c();//(5)
```

以上程序定义 3 个函数 a()、b()和 c()，以及 3 个函数的调用语句，执行过程如下：

① 程序执行从函数调用语句 a()开始，程序流程转向函数 a()。

② 执行函数 a()的函数体 statement-a，完成后返回调用语句 a()。

③ 执行后续函数调用语句 b()，程序流程转向函数 b()。

④ 执行函数 b()的函数体 statement-b，完成后返回调用语句 b()。

⑤ 执行后续函数调用语句 c()，程序流程转向函数 c()。

⑥ 执行函数 c()的函数体 statement-c，完成后返回调用语句 c()，并继续执行后续语句。

基于函数不同的调用方式，下面分别予以介绍。

6.3.1 直接调用

直接调用是如果函数只实现某个功能不返回运行结果，则可以直接调用的方式。

例如：

```
showHelloWorld();
output(j);
```

上述调用函数的方式执行函数功能，不影响程序后续执行。

6.3.2 函数表达式

所谓的函数表达式，是指函数调用出现在表达式中。

例如：

```
s=abs(a);
```

abs(a)是函数调用，是赋值表达式的一部分，程序运行时将函数返回值赋给变量 s。

又如，函数返回值参与某个运算：

```
s=2*sum(a,b)
```

上述函数返回值参与乘法运算。

6.3.3 函数调用作为参数

函数调用作为另一个函数的参数，例如：

```
s = sqr(sum(1,2));
```

sum(1,2)是一次函数调用，它的值作为函数调用 sqr()的实参。

又如：

```
console.log(sum(a,b));
```

函数 sum(a,b)的返回值作为 console.log()的实参。

6.3.4 函数的嵌套调用

尽管 JavaScript 语言允许函数嵌套定义，但是在通常情况下，函数定义是相互平行、相互独立的，在函数的内部不再定义函数。函数之间可以实现嵌套调用，即在一个函数的内部调用另一个函数。

试分析以下代码的执行流程：

```
function a(){
    statement-a;（4）
}
function b(){
    statement-1;  //（2）
    a();          //（3）
    statement-2;（5）
}
b();//（1）
statement-3;//（6）
```

以上代码定义了函数 a()和函数 b()，执行过程如下：

① 执行函数调用语句 b()，程序流程转向函数 b()。

② 执行函数 b()的函数体 statement-1。

③ 执行函数调用语句 a()，程序流程转向函数 a()。

④ 执行函数 a()中的语句 statement-a，完成后返回函数 b()中的调用语句 a()。

⑤ 继续执行语句 statement-2，函数 b()中的语句执行完成后返回调用语句 b()。

⑥ 执行后续语句 statement-3。

之前已经介绍了获得 3 个数中最大值的方法，下面运用函数嵌套调用的思想重新编写实现代码。

【例6.9】分析以下程序的输出结果。

程序：

```javascript
function a(){
    b();
    console.log("This is function a");
}
function b(){
    c();
    console.log("This is function b");
}
function c(){
    console.log("This is function c");
}
a();
```

程序分析：

以上代码从函数调用语句 a() 开始执行，具体执行过程如下：

① 执行函数 a() 中的调用语句 b()，流程转向函数 b()。

② 执行函数 b() 中的调用语句 c()，流程转向函数 c()。

③ 执行函数 c()，输出 "This is function c"，随后返回函数 b() 中的调用语句 "c()"。

④ 执行函数 b() 中语句 c() 后的语句，输出 "This is function b"，完成后返回函数 a() 中的调用语句 b()。

⑤ 执行调用语句 b() 后的语句，输出 "This is function a"。

运行结果：

```
This is function c
This is function b
This is function a
```

【例6.10】输入3个数，得到3个数中的最大值。

程序设计思想：

求3个数中的最大值，归根结底是多次在两个数中取较大值。

主函数 max3() 定义3个形参，分别对应参与比较的3个数；max3() 函数分两次调用之前介绍的 max() 函数，得到两个数中的较大值；这个较大值再次调用 max() 函数与第3个数进行比较，这次的较大值即最大值。

程序：

```javascript
function max(a,b){
```

```
    return a>b?a:b;
}
function max3(a,b,c){
    let t=max(a,b);
    t=max(t,c);
    return t;
}
let x=Number(prompt("please input x:"));
let y=Number(prompt("please input y:"));
let z=Number(prompt("please input z"));
console.log("max is "+max3(x,y,z));
```

本例定义了两个函数：max3()是主函数，函数max()用于返回两个数中的较大值。程序运行时，主函数max3()调用函数max()获取最大值。

在调用主函数max3()时传递了3个实参x、y、z，它们分别对应形参a、b、c。在max3()函数体内两次调用函数max()，第一次调用max()将x、y中的较大值赋值给临时变量t；第二次调用max()在t、z中取较大值，这次的较大值即3个数中的最大值。

【例6.11】运用函数嵌套调用改写例5.7，实现5行"*****"的输出。

之前，在循环结构中已经介绍了利用双重循环输出多行"*"的方法，下面利用函数嵌套的方式改写之前的代码。

首先，定义函数showLine(y)输出一行"*"，参数y控制行内"*"的个数。然后，定义主函数showAll(x,y)，在该函数内多次调用函数showLine(y)，以实现多行输出，其中的形参x、y分别用来控制"*"的行数和列数。

程序：

```
function showLine(y){
    let s="";
    for(let i=0;i<y;i++){
        s=s+"*";
    }
    return s;
}
function showAll(x,y){
    for(let j=0;j<x;j++){
        console.log(showLine(y))
    }
}
showAll(6,10);
```

程序说明：

函数 showLine(y)用于输出单行"*"，"*"的个数由形参 y 决定。主函数 showAll(x,y)中的参数 x 控制行数；y 控制单行中"*"的个数，作为实参传递给函数 showLine(y)的形参 y。

运行结果：略。

6.3.5 自动调用函数

除了之前介绍的函数调用，还有自动调用方式。这种调用方式主要存在于网页中，作用是网页打开后自动执行，以进行某些初始化工作。由于这些内容超出本书讲解范围，这里不再进一步介绍。

6.4 变量作用域

所谓的变量作用域，或称为变量有定义，是指变量能够被访问的区域。JavaScript 语言中有局部变量和全局变量，局部变量具有块级作用域，全局变量具有全局作用域。下面分别予以介绍。

在 if、for、function 等关键字后定义的变量具有块级作用域，是局部变量；在函数外定义的变量具有全局作用域，称为全局变量。

6.4.1 局部变量

在函数内或语句块内定义的变量是局部变量，这些变量具有块级作用域，也就是说，这些变量仅在函数体或语句块内能被访问，或称为有定义。

例如：

```
for(let i=0;i<10;i++){
    ……
}
```

上述代码中的变量 i 在循环体内有定义。

又如：

```
function max(){
    let x=10;
    ……
}
```

以上代码中的变量 x 在函数体内定义，是局部变量，仅在函数体内有定义。试图在函数或代码块外访问内部定义的局部变量，将引发程序运行错误。

下面通过例子进一步说明局部变量。

请看以下程序：
```
function sum() {
  let s=0;
  for(let i=0;i<100;i++){
      s=s+i;
  }
  return s;
}
```
变量 s 在函数体内定义，是局部变量，在整个函数体内有定义。

计数器 i 在 for 语句中定义，作用范围是 for 语句，作用域小于变量 s。

在通常情况下，内层语句块可以访问外层语句块定义的变量。例如，在上述程序的 for 语句中可以访问 for 语句外层的变量 s，而在 for 语句中访问变量 i 将引发程序错误。

另外，在不同函数中可以定义相同名称的变量，它们是相互独立的，分别代表不同的变量。

例如：
```
for(let i=0;i<10;i++){
    console.log(i);
}
for(let i=0;i<10;i++){
    console.log(i);
}
```
两个 for 语句中的计数器 i 相互独立，在程序设计时是合法的。

6.4.2 全局变量

变量在函数外声明，或者一个未经定义直接使用的变量，均是全局变量，具有全局作用域，在 JavaScript 程序的任何位置都是有定义的。

例如：
```
let carName = "volvo";
function doSomething() {
    console.log(carName);
}
```

全局变量可以跨越多个函数体。

6.4.3 生命周期

变量的生命周期在其定义时初始化；局部变量在函数执行完毕后（块级作用域外）销毁；全局变量在页面关闭后销毁。

在函数体内，局部变量的优先级高于同名的全局变量。如果在函数内声明的一个局部变量或函数参数中带有的变量和全局变量重名，那么全局变量就被局部变量遮盖。

```
let scope="global";
function checkscope(){
    let scope="local";
    return scope;
}
let str=checkscope();
scope;
```

运行结果：

local
global

在代码编写过程中，应该避免局部变量与全局变量同名，以免发生意想不到的错误。

6.5 函数举例

6.5.1 素数

【例6.12】编写函数，判断输入的整数是不是素数。

程序设计思想：

定义函数 prime，参数为需要检测的数，返回值 true 表示该数是素数，返回值 false 表示该数不是素数。

本例的核心是对素数的判断。素数又称质数，是指除了 1 和它本身，不能被任何整数整除的数。例如，17 就是素数，因为它不能被 2 到 16 之间的任一整数整除。

假设该数为 n，将这个数依次与 2,3,4,…,n-1 做取余运算，只要该数能被其中任一整数整除，则该数不是素数，否则是素数。

程序：

```
function prime(n) {
```

```
        for (let i = 2; i < n; i++) {
            if (n % i == 0) {
                return false;
            }
        }
        return true;
    }

    let n = Number(prompt());
    if (prime(n) == true) {
        console.log("输入的数" + n + "是素数。")
    } else {
        console.log("输入的数" + n + "不是素数。")
    }
```

程序分析：

函数 prime 实现对素数的判断。

只要 for 循环体内的测试条件"if(n%i==0)"成立，该数就不是素数，返回 false。若循环能完整地执行完毕，则说明该数不能被任一整数整除，该数是素数，返回 true。

运行结果：

输入 37，输出：

输入的数 37 是素数。

输入 234，输出：

输入的数 234 不是素数。

6.5.2 闰年判断

【**例 6.13**】利用函数改写例 4.11，实现对闰年的判断。

程序设计思想：

编写函数 isLeap 判断某年是否是闰年。利用循环遍历 2000 至 2100，在循环体内调用函数 isLeap 实现闰年的判断。

程序：

```
    function isLeap(year) {
        if ((year % 400 == 0) || ((year % 4 == 0) && (year % 100 != 0))){
            return true;
        }
        else{
```

```
            return false;
        }
    }
    for (let i = 2000; i <= 2100; i++) {
        if (isLeap(i))
            console.log(i + "年是闰年。");
        else
            console.log(i + "年不是闰年。");
    }
```

运行结果：略。

类和对象

本书之前的内容介绍了 JavaScript 语法及所有涉及程序设计的基础知识，利用这些技术已经可以编写出具有实际功能的控制台应用程序。

但是，若要提高程序设计能力，还需进一步掌握面向对象的程序设计（Object-Oriented-Programming，OOP）。在这种程序设计方法中引入对象和类的概念，利用它们的特性优化程序开发，实现代码复用。OOP 关注更多的是程序中的对象，以结构、数据及数据之间的交互操作为基础，通过提供一致的接口，提高应用程序的可扩展性、简化开发任务，非常适合大型、复杂且需经常更新或维护的程序，包括 Web 系统及移动应用程序。

本章简要介绍面向对象的程序设计，包括类的定义、类的实例化、对象的访问和操作方式、封装、继承等知识，并且通过例子更全面地介绍面向对象的程序设计的思想和实现方法。

7.1 面向对象的概念

面向对象的程序设计解决了传统编程中的许多问题。通常，程序由很多不同的类和对象构成，每个类或对象实现特定功能。

利用 OOP 可以编写多个代码模块，每个模块实现特定功能，同时这些模块都是孤立的，甚至是和其他模块完全独立的，相互间的依赖较少。这种程序设计方法提供了丰富多样的组件，大大提高了代码复用的机会。

7.1.1 面向对象的程序语言

面向对象的程序语言是高级语言的一个分支，除了 JavaScript 语言，C++、C#、Python 等程序语言均支持面向对象的程序设计。这些程序语言能够直接描述现实事务及它们之间的联系，将事务看作具有特性和行为的对象，用类描述统一对象的特性和行为。

7.1.2 面向对象的程序设计

本书之前介绍的程序设计几乎都可以由函数实现，通常称为过程式或函数式程序设计。在函数式编程中，调用函数的目的是完成一些操作。例如，函数 A 先被调用，然后它又调用函数 B。

OOP 采用的方式是不同的，函数并不是孤立执行的，它总是在对象的基础上调用的。例如，A 对象的函数被调用，该函数再去调用 B 对象的函数。对象中的函数通常称为方法。

OOP 以对象作为基本的程序结构单位，描述的设计以对象为核心。这种程序设计方法是一种编程模型，围绕数据或对象而非功能和逻辑来组织程序，其实质是利用对象、类及相互之间的协作所进行的程序设计。

一个面向对象的系统设计，其成功的关键在于发现并创建相互交互的对象。在设计开发过程中，必须明确对象的种类，并确定针对对象的操作。因此，对应用进行面向对象建模的着眼点是确定现实对象及它们之间的交互。例如，在一个学生管理应用程序中，学生、课程、学院、寝室、用餐等是系统中的各种对象，通过学生选课、用餐管理等对象之间的方法调用实现相应的系统功能。

这种编程风格在流行的编程语言中很普遍，例如，Java、C++、Python、JavaScript 和 C# 等通过定义表示和封装程序中对象的类集，可以将类组织成模块，从而改进软件程序的结构和组织。总的来说，OOP 在代码重用性、可伸缩性和开发效率方面的表现均更出色。

7.2 对象和对象直接量

7.2.1 对象的概念

现实世界中的万物皆是对象，可以按照各种方法去描述、表示一个对象，它是有形且概念明确的物理实体,可以通过明确的定义来区分众多不同的对象。通俗地讲,对象具有唯一标识。

对象是一个物理实体,具有可识别的物理特性,如颜色、重量、体积、味道等。对象的定义必须能够包罗各种实体,如学生、书本、班级、电影、篮球等。这意味着对象的定义必须能够明确不同对象的共同部分。

在面向函数的程序中,数据及针对数据操作的函数分别位于程序的不同部分。在面向对象的程序中,对象可以被看作包含数据部分和操作部分的单一实体,这个实体是数据属性和相关操作组成的集合。函数在对象中称为方法,将数据和方法聚合到对象中称为封装。

为了更直观地说明对象的概念,这里列举一个图书馆应用程序。去图书馆借书的读者就是对象,它的状态由其属性决定,典型的属性包括姓名、地址、身份证号、电话、住址、借书证号及所借的书。针对读者的操作可能是修改属性值,如电话或住址等信息,特定的操作包括借书、还书等。

简单地说,对象是一种复合的数据类型,由属性和属性值集、方法集构成。例如,汽车有品牌、型号、排量、颜色等属性;打电话、发信息、播放音乐、上网等是手机的方法。之前利用控制台输出程序的运行结果,其中的 console 是一个对象,代表浏览器中的控制台,log() 是它的输出方法。

7.2.2 对象直接量

JavaScript 语言允许以直接量的形式快捷地创建对象。下面通过例子更直观地介绍对象直接量的创建方法。

【例 7.1】利用对象直接量创建手机对象 phone,该对象具有品牌(brand)、颜色(color)和价格(price)这三个属性,对应的属性值为"HUAWEI"、"white"和"3500.00"。

程序:

```
let phone={
    brand:"HUAWEI",
    color: "white",
    price:3500.00
};
console.log(phone);
```

运行结果:

```
{brand: 'HUAWEI',color: 'white',price: 3500}
```

程序分析：

① 关键字 let 定义对象 phone。"="的左侧是对象名，可以将它看作一个变量；"="的右侧描述对象 phone 的属性。

② "{}"内定义对象的属性集，每个属性由"属性名：属性值"组成，不同的属性之间利用","分隔。

值得一提的是，属性名可以是字符串直接量、标识符，属性值可以是一个直接量、表达式，该表达式的计算结果就是这个属性的属性值。

例如，定义矩形对象，它的宽度为20、高度为30，通过算术运算获得属性 area 的值。

```
let rect={
    width:20,
    height:30,
    area:20*30
};
console.log(r);
```

运行结果：

```
{width: 20,height: 30,area: 600}
```

需要注意的是，为了养成良好的代码编写习惯，程序中的对象名和属性名应以小写字母开始。

7.3 创建和使用类

7.3.1 类和实例

类是对象的一般性描述，是设计阶段对象完整的设计图，但不是具体的内容。也可以将类想象成类的模板，勾勒出对象的轮廓和结构。每个对象的细节必须通过定义类的轮廓和结构来指定。

类其实是由用户定义的数据类型，由具有相同属性和方法的对象集合构成，它的属性和函数定义可以作为创建对象的蓝图。

例如，人类 Person 将包含人的属性，如年龄、姓名、性别、身高等；还可能包含诸如 sayName() 的方法，将人的姓名打印到屏幕上。

对象是类的一个实例。

例如，可以将家庭中的每个成员实例化，从而构建家庭的所有成员。由于每个成员包含不同的属性，故成员对象都是独一无二的。

如图 7-3-1 所示是房屋类和房屋对象之间的关系图。左侧的房屋类具有屋顶、烟囱、门等属性；右侧的两座房屋的屋顶、烟囱、门的颜色各不相同，是不同的对象。

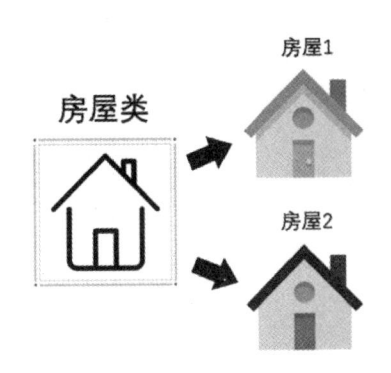

图 7-3-1　房屋类和房屋对象之间的关系图

7.3.2　定义类

若要利用直接量创建多个相同类型的对象，势必会产生代码重复的问题。请看下面的例子。

【例 7.2】利用直接量创建三个手机对象：p1、p2 和 p3。

程序：

```
let p1={
    brand:"HUAWEI",
    color: "white",
    price:3500
}
 let p2={
    brand:"APPLE",
    color: "black",
    price:3600
}
let p3={
    brand:"XIAOMI",
    color: "red",
    price:3300
}
```

因为对象 p1、p2 和 p3 的类型相同，所以上述代码存在冗余问题。若想避免在程序中发生这种问题，应引入类的概念。

类可以描述一组相似特性和行为的对象,可以当作对象的模板。在程序设计过程中,运用类可以创建一组不同的对象,这些对象因状态的不同而表现出不同的行为。

类由类声明和类体两部分组成,类声明由关键字 class 和类名构成;类体由 "{}" 包围,在 "{}" 内部编写该类的属性和方法。

创建对象的另一个方法:先定义类,再生成类的实例。为了直观地介绍类的定义方法,请看下面的例子。

【例 7.3】定义基本的类 Rectangle。

程序:

```
class Rectangle{
}
```

上述程序虽然简短,但是定义了 Rectangle 类。

程序分析:

关键字 class 之后紧跟的 Rectangle 是类名,因为 "{}" 内为空,所以该类暂不具备任何功能。

需要注意的是,为了保持良好的代码分隔,在程序中区别于变量,类名应以大写字母开始。此外,由于类名也是标识符的一种,故其命名也应该符合相关的命名规范。

1. 定义属性

属性用来描述类的状态。此外,JavaScript 语言的语法规定,类中的变量是该类的属性,和定义变量不同的是,定义属性不必使用关键字 let。

下面在例 7.3 的基础上为 Rectangle 类增添属性。

【例 7.4】为 Rectangle 类添加宽度和高度属性。

程序设计思想:

在例 7.3 的基础上定义变量 width 和 height 代表 Rectangle 类的宽度和高度。

程序:

```
class Rectangle{
    width;
    height;
}
```

为了避免属性值为 undefined,在定义类时可以为属性指定默认值。

例如:

```
class Rectangle {
```

```
    width=50;
    height=30;
}
```

需要注意的是,一个类可以包含多个属性,但是不能出现相同名称的属性。

2. 创建对象

类一经定义,就可以创建该类所属的对象,创建对象的过程通常也称为类的实例化。
JavaScript 语言使用关键字 new 创建对象。创建对象的语法:

```
let o=new ClassName(参数列表)
```

代码说明:

① o 是一个对象变量。

② new 后面跟随的 ClassName 是类名,"()"内是实参列表。

例如,创建两个 Rectangle 类型的对象:

```
class Rectangle {
    width=50;
    height=30;
}
let r1=new Rectangle();
let r2=new Rectangle();
console.log(r1);
console.log(r2);
```

运行结果:

```
Rectangle {width: 50, height: 30}
Rectangle {width: 50, height: 30}
```

从运行结果不难发现,r1 和 r2 具备相同的属性:width 是 50、height 是 30。究其原因,是在定义类时为属性设置了默认值。也就是说,基于该类创建的新对象都将拥有统一的初始属性值,这显然不是一个好的解决方法。

在创建对象时,可以利用构造方法为对象设置初始值。

3. 构造方法

构造方法是类的特殊方法,在对象创建时自动执行。借助构造方法,在对象创建的同时为属性赋值是较常见的程序设计方法。

构造方法可以为属性赋初值,也可以执行其他对象的初始化操作。

定义构造方法的语法:

```
constructor(参数 1,参数 2,……,参数 n){
    属性 1=参数 1
    属性 2=参数 2
    ……
    属性 n=参数 n
}
```

代码说明：

构造方法由关键字 constructor 引导，"()"内是参数列表，"{ }"内是方法的实现代码。

【例 7.5】 为类 Rectangle 定义构造方法。

程序设计思想：

在类内部运用 constructor 定义构造方法，参数和属性的数量应保持一致。需要注意编写构造方法的陷阱，若不小心极有可能编写出以下错误的构造方法：

```
class Rectangle {
    constructor(width,height) {
        width = width;
        height = color;
    }
}
```

虽然上述代码能够正确执行，但是存在严重的歧义。对于语句"width=width"，JavaScript 引擎无法区分哪个是参数，哪个是属性。上述构造方法实际是将参数的值赋予自己，而不会赋值给属性。解决方法是利用关键字 this 限定哪些是属性。

正确的构造方法请看下面的程序。

程序：

```
class Rectangle {
    constructor(width,height) {
        this.width = width;
        this.height =height;
    }
}
```

程序分析：

为属性添加关键字 this 意味着这是对象的属性，语句"this.width=width"应该理解为将参数 width 的值赋予属性 this.width。

上述构造方法在对象实例化时将自动执行，参数 width 和 height 的值将赋予属性 width 和 height。

需要注意的是，一个类中只能有一个且必须有一个构造方法。如果没有显式定义，则

JavaScript 引擎自动给它添加一个空的构造方法：
```
class Rectangle {
    constructor() {
    }
}
```

4. 定义方法

简单地说，方法其实是在类内部定义的函数。和函数一样，方法完成某个功能或返回运算结果。

方法在实现具体功能的同时也是对外提供的接口，外界使用这些接口时不必关心具体的实现方法，即可执行相应功能，从而简化外界使用对象的方法。

【例 7.6】在例 7.5 的基础上为类 Rectangle 定义方法 showInfo()和 getArea()，其中，方法 showInfo()输出矩形的宽度和高度，方法 getArea()计算并返回矩形的面积。

程序设计思想：

为类定义方法 showInfo()和 getArea()，为这两个方法编写相应的实现代码。

程序：
```
class Rectangle {
    constructor(width,height) {
        this.width = width;
        this.height =height;
    }
    showInfo(){
        console.log("宽度:"+this.width+",高度: "+this.height);
    }
    getArea(){
        return this.width*this.height;
    }
}
let rect=new Rectangle(10,20)
console.log(rect);
```

程序分析：

① 定义类 Rectangle、构造函数和方法。

② 利用 new Rectangle(10,20)实例化对象 rect，并在控制台输出对象。

实例化对象时，JavaScript 引擎会调用并执行构造方法，实参 10 赋予属性 width，实参 20 赋予属性 height。

运行结果：

```
Rectangle {width: 10,height: 20}
```

方法是类的动态属性，对象的行为是由其方法实现的。类中的方法可以相互调用，一个对象可以操控另一个对象的方法，实现某些行为。

类的方法名也是标识符的一种，其命名应符合相关命名规范，通常以小写字母开头。

7.3.3 访问对象的属性

之前利用控制台虽然能够输出对象的全部属性，但若在程序中访问某个特定的属性，需利用特定的运算符。

当对象创建后，就可以访问该对象的属性和方法，运用 JavaScript 语言提供的"."或"[]"运算符访问对象的属性。

语法：

```
o.att
//或
o[att]
```

1. "."运算符

对于"."运算符来说，o 指定对象名，"."右侧指定需要读取的属性名。

例如：

```
let rect = new Rectangle(10,20);
console.log("宽度:"+rect.width);
console.log("高度:"+rect.height);
```

上面的代码创建对象 rect，读取并输出属性 width 和 height。

运行结果：

```
宽度:10
高度:20
```

2. "[]"运算符

读取属性值的另一个方法是使用"[]"运算符，"[]"内是属性的名称，或者是一个计算结果为字符串的表达式，这个表达式的值必须是对象的某个属性。

例如：

```
let rect = new Rectangle(10,20);
console.log("宽度:"+rect["width"]);
console.log("高度:"+rect["height"]);
```

运行结果：

宽度:10
高度:20

若"[]"内对应的属性不存在，则返回 undefined。

不论使用何种访问属性的方法，JavaScript 引擎总会先访问对象 o，如果该对象是 null 或 undefined，将会引发错误。

7.3.4 修改对象的属性

修改对象的属性其实是改变对象的状态，以满足程序运行的需要。同访问对象的属性相同，运用"."或"[]"运算符可以修改对象的属性值。

例如：

```
class Rectangle {
    constructor(width,height) {
        this.width = width;
        this.height =height;
    }
    showInfo(){
        console.log("宽度:"+this.width+",高度: "+this.height);
    }
    getArea(){
        return this.width*this.height;
    }
}

let rect=new Rectangle(10,20);
console.log(rect.showInfo())
rect.width=30;
rect["height"]=50;
console.log(rect.showInfo())
```

运行结果：

宽度:10,高度: 20
宽度:30,高度: 50

7.3.5 调用对象的方法

类中定义的方法除了可以被内部的其他方法调用，也可以被类的实例调用。调用方法的语法如下：

o.method(参数列表);

代码说明：

o 是对象，method 是方法名，方法名之后的 "()" 内是参数列表。

【例 7.7】 调用例 7.6 定义的类 Rectangle 中的方法 showInfo()和 getArea()。

程序设计思想：

首先为类 Rectangle 补充构造方法，然后编写方法 showInfo()及 getArea()。

程序：

```
class Rectangle {
    constructor(width,height) {
        this.width = width;
        this.height =height;
    }
    showInfo(){
      console.log("宽度:"+this.width+",高度: "+this.height);
    }
    getArea(){
      return this.width*this.height;
    }
}
let rect=new Rectangle(10,20)
console.log(rect);
rect.showInfo();
console.log("矩形面积: "+rect.getArea());
```

运行结果：

```
Rectangle {width: 10,height: 20}
宽度:10,高度: 20
矩形面积: 200
```

方法在类内部被其他方法调用时，可以通过方法名调用；方法在类外部被其他方法调用时，可以通过对象名调用。

例如：

```
class Rectangle{
    a(){
    }
    b(){
        a();
```

```
    }
    c(){
        b();
    }
}
```

分析以上代码可以发现：方法 c()的内部调用方法是 b()，方法 b()的内部调用方法是 a()。

7.3.6　typeof 与 instanceof

1. typeof

JavaScript 语言中的 typeof 运算符可以检测并返回标识符所属的类型。

例如：

```
let s="hello";
console.log(typeof s);
```

由于变量是字符串直接量，故运行结果：

```
string
```

除了字符串，typeof 也能够识别数值类、布尔类等数据类型。

```
let i=10;
let b=true;
console.log(typeof i);
console.log(typeof b);
```

运行结果：

```
number
boolean
```

typeof 存在一个缺陷，即无论是什么类型的对象，它的返回值均是所有类的祖先：object。

例如：

```
class Rectangle{
    constructor(width,height){
        this.width=width;
        this.height=height;
    }
}
class Square{
    Constructor(width,height){
        this.width=width;
        this.height=height;
```

```
        }
    }
let rect=new Rectangle(10,20);
let squ=new Square(10,10);
console.log(typeof rect);
console.log(typeof squ)
```

运行结果：

```
object
object
```

2. instanceof

instanceof 运算符与 typeof 运算符相似，也可以识别对象的类型。与 typeof 不同的是，instanceof 能够明确对象的特定类型，运算结果为 true 或 false。

例如：

```
class Rectangle{
    constructor(width,height){
        this.width=width;
        this.height=height;
    }
}
class Square{
    Constructor(width,height){
        this.width=width;
        this.height=height;
    }
}

let rect=new Rectangle(10,20);
let squ=new Square(10,10);
console.log(rect instanceof Rectangle);
console.log(squ instanceof Square);
console.log(rect instanceof Square);
console.log(squ instanceof Rectangle);
console.log(rect instanceof Object);
console.log(squ instanceof Object);
```

运行结果：

```
true
```

```
true
false
false
true
true
```

因为 Rectangle 和 Square 均是 object 类的子类，所以运行结果的第五行和第六行为 true。

7.3.7　for/in 语句访问对象属性

for/in 语句可以迭代对象的属性，在循环迭代过程中访问对象的所有属性。

为了进一步说明 for/in 语句，请看以下例子。

【例 7.8】使用 for/in 语句遍历对象属性。

```
class Rectangle{
    constructor(width,height){
        this.width=width;
        this.height=height;
    }
}
let rect=new Rectangle(10,20);
for(key in rect){
    console.log("属性"+key+"的值为:"+rect[key]);
}
```

程序分析：

rect 是一个对象，key 是迭代过程中对象的属性。for/in 语句遍历对象的所有属性，直到所有属性被访问时终止循环。

运行结果：

```
属性 width 的值为:10
属性 height 的值为:20
```

7.4　封装

好的程序设计方法总是对用户尽可能多地隐藏细节。因此，在一个面向对象的程序中，对象的属性一般是不能直接被引用的。属性被隐藏起来，在类外必须使用与对象相关的方法来访问、修改其属性。

封装是面向对象的基本特征之一。除将对象的属性和方法封装为类之外，封装还可以达到数据隐藏的目的,也就是说,对象对外只提供必要的接口,隐藏内部实现细节。

例如,方向盘、油门、刹车灯等设备是操控接口,人们只需要了解这些设备的操作方法就可以驾驶汽车。对于汽车的内部构造、实现细节,使用者不必关注。

7.4.1 私有属性

通过给对象的属性定义不同的保护级别,可以避免意外改变或错误地使用对象的私有部分,这种方法不但能够提高对象间交互的安全性,更能隐藏对象的内部细节。

在默认情况下,一个类的所有属性都是公共的,可以在类外访问。而类的私有属性可以隐藏类的细节,其在类内不可以被访问,不对外公开。

定义私有属性以"#"开头。例7.9 修改 Rectangle 类,将属性 width 和 height 修改为私有属性。

【例7.9】为类定义私有属性。

程序:

```
class Rectangle {
   constructor(width,height) {
      this.#width = width;
      this.#height = height;
   }
   #width;
   #height
}
let r=new Rectangle(10,20);
r.#width ;
```

运行结果:

```
Uncaught SyntaxError: Private field '#width' must be declared in an enclosing class
```

该运行结果表示试图访问私有属性将引发错误。

7.4.2 操作私有属性

大多数面向对象的程序设计都会使用安全的方式访问对象的属性,从而避免直接操作对象的属性。外界通过调用方法的方式读取或访问对象的属性,从而达到更好的封装。

【例7.10】定义方法实现对私有属性的访问。

程序:

```
class Rectangle{
    constructor(width,height){
      this.#width=width;
      this.#height=height
    }
    #width;
    #height;
    getWidth(){
      return this.#width;
    }
    getHeight(){
      return this.#height;
    }
    setWidth(width){
      this.#width=width;
    }
    setHeight(height){
      this.#height=height;
    }
}
let rect=new Rectangle(10,20);
console.log("宽度为:"+rect.getWidth());
console.log("高度为:"+rect.getHeight());
console.log("利用方法修改属性值")
rect.setWidth(30);
rect.setHeight(50);
console.log("修改后的宽度为:"+rect.getWidth());
console.log("修改后的高度为:"+rect.getHeight());
```

程序分析:

① 方法 getWidth()和 getHeight()分别读取属性#width 和#height, 并返回给调用者。

② 方法 setWidth()和 setHeight()分别设置属性#width 和#height 的属性值, "()"内的形参为对象新的属性值。

运行结果:

宽度为:10
高度为:20
利用方法修改属性值
修改后的宽度为:30
修改后的高度为:50

通过方法存取属性可以避免对属性的直接操作；在方法中添加额外的检测或控制语句，可以获取符合约定的属性值，或者设置经过验证的属性值。请看下面的程序。

程序：

```
class Rectangle{
    constructor(width,height){
        this.width=width;
        this.height=height
    }
    width;
    height;
    getWidth(){
        if(condition){
            ……
            ……
        }
        else{
            ……
            ……
        }
    }
    setWidth(width){
        if(condition){
            ……
            ……
        }
        else{
            ……
            ……
        }
    }
}
```

粗体部分代码用于控制属性 width 的访问和设置，有助于提升属性操作的安全性，防止误操作导致错误发生。

7.4.3 静态方法

之前介绍的方法均是作用在对象之上的，通常称为实例方法，这些方法只有类的实例才能够访问。静态方法是类方法，需要通过类名来调用。

定义静态方法需要在方法的名称前添加关键字 static。

【例 7.11】静态方法的应用。

```
class Rectangle {
    constructor(width,height) {
        this.width = width;
        this.height =height;
    }
    static getType(){
        return "矩形";
    }
}
console.log("我是："+Rectangle.getType());
```

因为例 7.11 运用关键字 static 将方法 getType()定义为静态方法，所以调用该方法应通过类名实现。

运行结果：

我是：矩形

关键字 this 代表对象，因为静态方法不是作用在对象之上的，所以在静态方法中不能使用关键字 this。

7.5 继承

继承是面向对象的重要特征之一。

通常，面向对象的程序设计并不总是从头开始的，若要编写的类是某个类的特殊版本时，可以使用继承。继承能够基于父类并扩展出更多特定的新类，父类称为基类，新类称为子类。当继承一个类时，新类将获得父类的属性和方法。

例如，如果将动物类 Animal 视作父类，则鸡 Chicken、鸭 Duck、牛 Cow 等类均可以继承自动物类 Animal。又如，矩形是特殊的多边形，因此可以在多边形 Polygon 类的基础上创建子类矩形 Rectangle 类。

关键字 extends 定义继承类。下面的例子介绍了继承的实现方法。

【例 7.12】设计两个类：Human 类和 Teacher 类。Human 类包含属性 name 和 age，方法 getName()用于返回姓名；Teacher 类继承 Human 类，方法 getJob()返回工作类型。

程序设计思想：

这是一个实现类的继承的典型例子。首先定义 Human 类包含属性 name 和 age 及方法

getName()。子类 Teacher 类继承 Human 类，并编写方法 getJob()。

程序：

```
class Human {
    constructor(name,age) {
        this.name = name;
        this.age = age;
    }

    getName() {
        return this.name;
    }
}

class Teacher extends Human {
    constructor(name,age) {
        super(name,age);
        this.job = "教师";
    }
    getJob() {
        return this.job;
    }
}
let h=new Human("梅小鱼",18);
console.log("我是"+h.getName());
let t=new Teacher("沈瑞华",58);
console.log("我是"+t.getName());
console.log("我的工作是"+t.getJob());
```

运行结果：

我是梅小鱼
我是沈瑞华
我的工作是教师

子类的构造方法必须先调用方法 super()，以执行父类的构造方法；然后才可以使用关键字 this。

7.6 面向对象举例

通过之前的学习，大家已经掌握了对象和类的核心概念，以及如何利用 JavaScript 语言实现类的编写和对象创建。

在Web开发中，可以使用的类包括网页、按钮、购物车、学生成绩、游戏中的某个角色等。当完成类的分析、定义后，就可以方便地创建该类的实例，运用该类提供的属性和方法实现相关功能。

7.6.1 设计学生类

【例7.13】本节设计学生类Student，实现学生各门课程总分及平均分的计算。

程序设计思想：

学生类包括班级、姓名、学号、语文成绩、数学成绩、英语成绩等属性，结合类的定义方法定义学生类、属性、构造方法。

为实现学生成绩统计等功能，应定义相应方法：

① getTotalScore()：计算并返回总分。

② getAverScore()：计算并返回各门成绩的平均分。

③ toString()：显示学生信息及各门课程的成绩。

综合上述思想编写Student类的方法。

1. 定义类

程序：

```
class Student{
    constructor(name,studentName,id,chineseScore,mathScore,englishScore){
        this.className=name;
        this.studentName=studentName;
        this.id=id;
        this.chineseScore=chineseScore;
        this.mathScore=mathScore;
        this.englishScore=englishScore;
    }
}
let s=new Student("计算机1班","李华","2140201","85","90","86");
console.log("学生姓名:"+s.studentName);
console.log("语文成绩:"+s.chineseScore);
console.log("数学成绩:"+s.mathScore);
console.log("英语成绩:"+s.englishScore);
```

运行结果：

学生姓名:李华
语文成绩:85
数学成绩:90
英语成绩:86

2. 定义方法

程序:

```
class Student{
    constructor(name,student,id,chineseScore,mathScore,englishScore){
        this.className=name;
        this.studentName= student;
        this.id=id;
        this.chineseScore= chineseScore;
        this.mathScore=mathScore;
        this.englishScore=englishScore;
    }
    getChineseScore(){
        return this.chineseScore;
    }
    getMathScore(){
        return this.mathScore;
    }
    getEnglishScore(){
        return this.englishScore;
    }
    setChineseScore(chineseScore){
        this. chineseScore=chineseScore;
    }
    setMathScore(mathScore){
        this.mathScore=mathScore;
    }
    setEnglishScore(englishScore){
        this.englishScore=englishScore;
    }
    toString(){
        return "班级:"+this.className+",学号:"+this.id+",姓名:"
            +this.studentName+",语文成绩:"+this.chineseScore+",数学成绩:"
            +this.mathScore+",英语成绩: "+this.englishScore;
    }
     getTotalScore(){
        return this.chineseScore+this.mathScore+this.englishScore;
```

```
        }
        getAverScore(){
            return (this.chineseScore+this.mathScore+this.englishScore)/3
        }
    }
    let s=new Student("计算机1班","李华","2140201",85,90,86);
    console.log("总分:"+s.getTotalScore());
    console.log("平均分："+s.getAverScore());
```

运行结果：

总分:261
平均分:87

7.6.2 贪吃蛇

贪吃蛇游戏是一款休闲益智类游戏，既简单又耐玩，有 PC 和手机等多平台版本。该游戏通过控制蛇头方向使蛇觅食，并且随着找到食物次数的增加使蛇身变得越来越长。

【例 7.14】利用面向对象的技术设计蛇身类。如图 7-6-1 所示为贪吃蛇游戏界面。

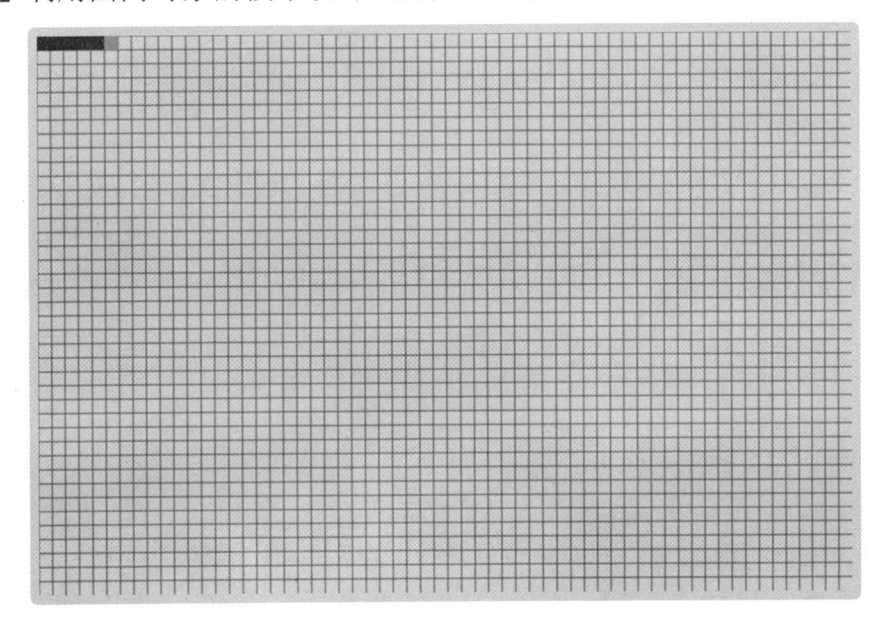

图 7-6-1　贪吃蛇游戏界面

本例将利用面向对象的程序设计思想和技术，设计蛇身类模拟实现蛇身运动功能。限于当前掌握的知识，这里仅考虑蛇身在游戏面板运动所产生的位置变化，真正地实现需结合 HTML 和 Canvas 等技术，对蛇所处的位置进行动态刷新，从而达到真实的动态效果。

如图 7-6-1 所示为贪吃蛇游戏面板，横向有 60 个方块，纵向有 40 个方块，每个方块的高度和宽度均为 15px（像素）。定义左上角坐标{x=0,y=0}为原点，该点作为游戏中各对象移动的参考点。蛇从原点往右移动，坐标 x 的值递增；蛇从原点往下移动，坐标 y 的值递增。

图 7-6-1 左上角占据六个方块的是蛇。其中，左侧第一个方块为蛇尾，右侧第一个方块为蛇头，中间四个方块为蛇身，蛇头、蛇身、蛇尾的宽度和高度均为 15px，正好占据游戏面板中的每个方块。为了便于区分游戏面板中的方块、蛇头、蛇身、蛇尾，为它们使用不同的颜色。

游戏开始时，蛇位于如图 7-6-1 所示的游戏面板左上角的位置。其中，蛇尾顶点为 {x=0,y=0}，占据了自顶点开始往右、往下 15px 构成的方块。蛇头位于蛇的右侧，顶点为 {x=60,y=0}。蛇每次移动一个方块，x 轴和 y 轴方向均移动 15px。

1. 定义蛇身

1）定义 Point 类

由于蛇头、每段蛇身和蛇尾在游戏面板中均有对应的 x 坐标和 y 坐标，故定义坐标类 Pointer 包含 x 坐标和 y 坐标两个基本属性，以及 getPointX()和 getPointY()两个方法读取 x 坐标和 y 坐标。

程序：

```
class Pointer{
    constructor(x,y) {
        this.x=x;
        this.y=y;
    }
    getX(){
        return this.x;
    }
    getY(y){
        return this.y;
    }
}
```

2）定义蛇身类

蛇由六部分组成：一个蛇尾、四段蛇身和一个蛇头，它们均有标识其相对于游戏面板原点位置的 x 坐标、y 坐标、宽度 width 和高度 height。

定义蛇身类 Snake_item，代表蛇的各个部位，由于需要记录各部位的 x 坐标和 y 坐标，故可以采用继承的方法继承 Pointer 类。又由于它们均是游戏面板中的一个方块，为了便于区分蛇头、蛇尾及蛇身，在 Snake_item 类中添加颜色 color 属性。本例设置蛇身、蛇尾的颜色为黑色，蛇头以不同于蛇身的颜色显示。

程序：
```
class Snake_item extends Pointer{
        constructor(pointer,color){
            super(pointer.getX(),pointer.getY());
            this.color=color;
        }
        width=15;
        height=15;
        getPointer(){
            return new Pointer(this.x,this.y);
        }
}
```

程序分析：

由于 Snake_item 类继承 Pointer 类，故该类具有 Pointer 类的属性 x 坐标和 y 坐标。为了获取 Snake_item 对象的坐标信息，定义方法 getPointer()，该方法通过创建一个新的 Pointer 对象实现。

例如：

`let s0=new Snake_item(new Pointer(0,0),"black");`

以上代码定义蛇的一部分 s0，由于它的 x 坐标和 y 坐标为 0 和 0，颜色为 black，且位于游戏面板最左侧，因此它是蛇尾。

"new Pointer(0,0)" 创建一个 Pointer 对象，该对象作为 Snake_item 类构造方法的参数，初始化 Snake_item 类的实例。

又如，以下代码定义蛇头：

`let s5=new Snake(new Pointer(60,0),"red");`

上述代码定义蛇的一部分 s5 的 x 坐标和 y 坐标为 60 和 0，颜色为 red，位于蛇的最右侧，是蛇头。

2. 定义方法

1）移动

实现蛇的移动方法是：在程序中可以定义六个 Snake_item 对象，记录蛇每部分的 x 坐标和 y 坐标，当坐标发生变化后，使用画布的绘图功能依照最新的 x 坐标和 y 坐标重新绘制控制面板即可实现移动的效果。

对于蛇的移动，若其往右移动，则 x 坐标增加；若其往左移动，则 x 坐标减少；若其往下移动，则 y 坐标增加；若其往上移动，则 y 坐标减少。为了简化功能的实现，本例仅考虑蛇在上、下、左、右四个方向上的移动。

具体的移动规则如下：

① 往右移动，x 坐标+15，y 坐标不变。

② 往下移动，x 坐标不变，y 坐标+15。

③ 往左移动，x 坐标-15，y 坐标不变。

④ 往上移动，x 坐标不变，y 坐标-15。

根据上述分析，为 Snake_item 类编写相应的方法：moveRight()、moveBottom()、moveLeft() 和 moveTop()。

程序：

```
class Snake_item{
    ……
    moveRight(){
        this.x=this.x+15;
    }
    moveBottom(){
        this.y=this.y+15;
    }
    moveLeft(){
        this.x=this.x-15;
    }
    moveTop(){
        this.y=this.y-15;
    }
    ……
}
```

2) 获取蛇的 x 坐标和 y 坐标

在重新绘制游戏面板时，需要获取蛇所处的 x 坐标和 y 坐标，该坐标也可以决定它下一步可以移动的方向，为游戏逻辑判断提供依据。

例如，如果蛇头处于游戏面板的最右侧，则继续往右移动将导致游戏失败。

在 Snake_item 类中编写方法 getPointer()，获取包含 x 坐标和 y 坐标的 Pointer 对象。

程序：

```
class Snake_item{
    ……
    getPointer(){
        return new Pointer(this.x,this.y);
    }
```

......
}

由于 getPointer()方法仅获取 Pointer 对象，因此要获取具体的 x 坐标和 y 坐标，需调用 Pointer 类的 getPointX()和 getPointY()方法实现。

例如：
```
let s4=new Snake(new Pointer(60,0),"red");
s4.getPointer().getPointerX();
s4.getPointer().getPointerY();
```

以上代码获取对象 s4 的 Pointer 类的实例，getPointerX()和 getPointY()方法获取它的 x 坐标和 y 坐标。

结合上述 Snake 类的属性和方法，编写完整的类定义程序代码。

程序：
```
class Pointer {
    constructor(x,y) {
        this.x = x;
        this.y = y;
    }
    getPointerX() {
        return this.x;
    }
    getPointerY(y) {
        return this.y;
    }
    toString(){
        return "x 坐标为: "+this.x+",y 坐标为: "+this.y
    }
}
class Snake_item extends Pointer {
    constructor(pointer,color) {
        super(pointer.x,pointer.y);
        this.color = color;
    }

    width = 15;
    height = 15;
    getPointer() {
        return new Pointer(this.x,this.y);
    }
    setPointer(pointer) {
```

```
            this.x = pointer.x;
            this.y = pointer.y;
        }

        moveRight() {
            this.x = this.x + 15;
        }

        moveBottom() {
            this.y = this.y + 15;
        }

        moveLeft() {
            this.x = this.x - 15;
        }

        moveTop() {
            this.y = this.y - 15;
        }
    }

let s0=new Snake_item(new Pointer(0,0),"black");
let s5=new Snake_item(new Pointer(60,0),"red");
s0.moveRight();
s0.moveRight();
let p=s0.getPointer();
console.log("x坐标"+p.getPointerX()+",y坐标"+p.getPointerY())
```

程序分析：

首先，创建蛇尾 s0 和蛇头 s5 对象；然后，蛇尾 s0 往右移动两个方块，即 30px；最后，输出 s0 的当前坐标。

由于蛇尾 s0 往右移动两个方块后在 x 方向往右偏移了 30px，故此时 s0 的坐标为 {x:30,y:0}。

运行结果：

x 坐标 30,y 坐标 0

3. 总结

本节分析了贪吃蛇游戏的基本规则，设计并实现蛇身类的基本开发，测试的结果符合游戏要求。

例 7.14 仅考虑了单个蛇身或蛇头的运动，暂未考虑蛇身和蛇头的同步移动。限于当前所学知识，本例仅考虑单个蛇身或蛇头在 x 坐标和 y 坐标的位置，完整的蛇身功能需要定义蛇类，并以数组或其他形式封装蛇，这样可以统一控制、同步蛇身和蛇头的移动和定位。这些内容将在数组章节进一步介绍。

另外，游戏的实现还需要结合画布、定时器、键盘事件等技术，以及绘制游戏面板、利用方向键控制蛇的移动方向、游戏面板刷新等技术。这些技术超出了本书的讲解范围，有兴趣的读者可参考其他资料学习。

8 数组

之前介绍的数值类型、布尔类型、字符串类型等变量，它们的共同之处是只能存放单个数据或单个对象。对于简单的问题，使用这些数据类型就可以了。但在有些场景中，仅使用这些数据类型往往是不够的，是达不到程序设计要求的。

例如，求35名学生的语文平均成绩，虽然可以采用原始的方法：先定义35个变量，然后对这35个变量求和，再求平均值，但是这种方法相当烦琐，而且没有反映这些数据的内在关系。

利用数组可以解决上述问题。数组是一种特殊的数据类型，可以同时存储多个数据（或称为元素）。

本章介绍数组的基本概念、定义方法、访问和遍历方法，以及 JavaScript 内置数组对象的常用方法。本章还通过例子介绍冒泡排序的算法，并对贪吃蛇游戏进行扩充。

8.1 一维数组

数组是一种有序的数据集合，数组中的每个数据称为数组的一个元素。

8.1.1 一维数组的定义

一维数组是最简单的数组。如果数组中的每个元素是一个数值、布尔值、字符串、对象等数据,那么该数组是一维数组。上面介绍的学生成绩数组就是一维数组,其中的每个元素均是数值类型。

在程序中使用数组必须先定义,使用数组直接量是定义数组的快捷方法。

例如,以下代码定义数组直接量:

```
let arr = ["red","orange","yellow","green","blue","indigo","purple"];
console.log(arr)
```

代码说明:

arr 是数组名,"[]"内是数组元素列表,各元素之间通过","分隔。由于数组名也是标识符,故其命名应遵循相关的命名规范。

运行结果:

```
['red','orange','yellow','green','blue','indigo','purple']
```

数组是有序的元素序列,按照从左往右的顺序各元素的索引分别是 0、1、2、3、…,依次类推。数组中最左侧元素的索引为 0,也称为头部,最右侧的元素称为尾部。

JavaScript 语言是弱类型语言,同一个数组中每个元素的值可以为任意类型:数值、字符串、对象或另一个数组。

例如,以下数组是被允许的:

```
let arr=[1,2,"a",3];
console.log(arr);
```

运行结果:

```
[1,2,'a',3]
```

需要说明的是,虽然可以在控制台直接输出数组包含的元素,但是在 JavaScript 程序中访问数组元素需要运用后续介绍的方法实现。

8.1.2 数组长度

数组长度是指其包含元素的个数,利用属性 length 可以得到数组的长度。

例如:

```
let arr = ["red","orange","yellow","green","blue","indigo","purple"];
console.log("数组长度是:"+arr.length);
```

运行结果：

数组长度是：7

相对于其他编程语言，JavaScript 语言中的数组长度是动态的，在程序中可以任意添加或删除数组元素，其长度将同步发生变化。

8.1.3 访问数组元素

因为数组中的每个元素均有索引值，所以可以通过索引存取数组元素。运算符"[]"实现对数组元素的操作，"[]"左侧是数组名，内部指定数组元素的索引。

程序不能对数组进行整体运算，只能对单个元素进行操作。

1. 读取元素

读取数组元素的语法：

```
arr[i]
```

代码说明：

arr 是数组变量，"[]"内的 i 是索引，arr[i]即访问 arr 中索引为 i 的元素。

例如，arr 数组中的元素如下：

```
let arr = ["red","orange","yellow","green","blue","indigo","purple"];
```

对于数组 arr，元素"red"的索引是 0，元素"orange"的索引是 1，……，依次类推。数组长度为 7，最后一个元素的索引为其长度减 1，即 6。

例如，以下代码访问数组中的索引位置是 1 和 6 的元素：

```
let arr = ["red","orange","yellow","green","blue","indigo","purple"];
console.log("第二个元素是："+arr[1]);
console.log("最后一个元素是："+arr[6]);
```

运行结果：

```
orange
purple
```

利用索引每次只能访问数组中的一个元素，若要访问数组中的所有元素，需要采用遍历数组的方式实现。

2. 为数组元素赋值

"[]"运算符也能给指定索引处的元素赋值，覆盖原索引处的元素。为数组元素赋值的语法：

```
arr[i]=value;
```

代码说明：

① 使用新值 value 替换索引 i 处的元素。

② 如果 i 的值大于原数组最大索引值，则会将 value 添加到数组的尾部，数组的长度同步增加到 i+1。

例如：

```
let arr = ["red","orange","yellow","green","blue","indigo","purple"];
arr[1]= "black";
arr[6]= "brown";
console.log(arr);
```

执行以上代码，数组 arr 中的第二个和第七个元素将被替换为"black"和"brown"。

运行结果：

['red',**'black'**,'yellow','green','blue','indigo',**'brown'**]

上述代码中的粗体文字是被替换过的元素。

如果在赋值时索引大于该数组最大的索引，则 JavaScript 引擎将自动扩展数组的长度。

例如：

```
let arr = ["red","orange","yellow","green","blue","indigo","purple"];
arr[8]= "grey";
console.log(arr);
console.log("数组 arr 的新长度为："+arr.length)
```

数组 arr 原来有 7 个元素，最大索引为 6。以上代码在索引 8 处插入新元素"grey"，则相当于将数组长度增加 2，即 9。

运行结果：

['red','orange','yellow','green','blue','indigo','purple',空白,**'grey'**]
数组 arr 的新长度为：9

因为该数组索引为 7 的元素未赋值，所以该元素的值为空，显示"空白"。

8.1.4 遍历一维数组

访问数组中的所有元素称为遍历数组。利用循环遍历索引访问数组中的所有元素，是进行程序设计时使用的较普遍的方法。

1. 使用 for 语句遍历数组元素

【例 8.1】按照索引升序、逆序的方式遍历访问数组 arr=["red","orange","yellow","green", "blue","indigo","purple"]。

1）升序遍历

程序设计思想：

遍历数组元素，首先考虑数组索引递增的规律。之前的 for 语句可以实现计数器递增，因为索引从 0 开始，所以计数器初值设置为 0；又因为数组最后一个元素的索引是其长度减 1，所以 for 语句的循环终止条件可以定义为：计数器<数组长度。

程序：

```
let arr=["red","orange","yellow","green","blue","indigo","purple"]
for(let i=0;i<arr.length;i++){
    console.log(arr[i]);
}
```

运行结果：

```
red
orange
yellow
green
blue
indigo
purple
```

2）逆序遍历

程序设计思想：

逆序遍历数组元素，即从数组元素的最后一个索引开始依次递减，直到索引为 0。只要将上述程序中的计数器初值设置为：计数器=数组长度-1，终止循环条件的终值设置为：计数器≥0，同时将计数器自增改为自减即可。

程序：

```
let arr=["red","orange","yellow","green","blue","indigo","purple"]
for(let i=arr.length-1;i>=0;i--){
    console.log(arr[i]);
}
```

2. 使用 for/in 语句遍历数组元素

for/in 语句主要用于迭代数组元素或对象属性。在每次循环时，可以访问数组元素或对象属性。

为了进一步说明 for/in 语句，请看下面的例子。

【例 8.2】 使用 for/in 语句遍历数组元素。

```
let arr=["red","orange","yellow","green","blue","indigo","purple"]
for(i in arr){
    console.log("索引为"+i+"处的元素为:"+arr[i])
}
```

程序分析：

arr 是一个数组变量，i 为数组中各个元素的索引。循环开始时 i 从 0 开始逐步递增，到达数组最大索引时结束循环。

运行结果：

```
索引为0处的元素为:red
索引为1处的元素为:orange
索引为2处的元素为:yellow
索引为3处的元素为:green
索引为4处的元素为:blue
索引为5处的元素为:indigo
索引为6处的元素为:purple
```

【例 8.3】 为数组元素依次赋值 1、2、3、4、5、6、7、8。

程序设计思想：

先定义空数组 arr，然后循环为数组赋值。因为数组元素的个数为 8，所以循环次数为 8 次。数组中每个元素的值与索引具备同步递增的规律，因此可以借助 for 语句中的计数器，其既可作为控制数组元素的索引值，又可作为数组元素的值。由于数组索引从 0 开始，而数组元素从 1 开始，因此需对程序进行适当调整。

程序：

```
let arr=[];
for(let i=0;i<8;i++){
    arr[i]=i+1;
}
console.log(arr);
```

请注意上述程序中的粗体代码，它使数组元素的值在索引的基础上增加 1，当索引为 0 的时候，赋予第一个元素的值为 1。

运行结果：

```
[1,2,3,4,5,6,7,8]
```

【例 8.4】 已知学生成绩存放在数组 arr 中，试利用 while 语句求学生成绩的总分和平均分。

程序设计思想：

与 for 语句不同的是，while 语句需自定义变量作为计数器，在每次循环时为计数器增量。因为索引的起始值为 0，最大值为数组的长度减 1。所以定义变量 i 作为计数器，并设置初值为 0；while 语句中的条件判断为 i<数组长度。

同时，在每次循环时进行成绩的求和计算。当循环结束后，用总分除以数组的长度即可得到平均分。

程序：

```
let arr=[90,80,85,83,75,60,70,76,88,65,86]
let total=0;
let i=0;
while(i<arr.length){
    total=total+arr[i];
    i++;
}
console.log("总分为: "+total);
console.log("平均分为: "+total/arr.length);
```

运行结果：

```
总分为: 858
平均分为: 78
```

【例 8.5】 已知数组 arr=[10,9,8,60,2,22,40]，求数组中的最大值和该元素的索引。

程序设计思想：

首先，假设 arr[0]为最大值，并将其保存至变量 max 中。然后，从第二个元素开始遍历数组元素，与变量 max 做比较，将较大值保存至变量 max 中。当循环结束后，变量 max 中保存的即最大值。

得到最大值的索引的方法和以上方法相似，这里不再赘述。

程序：

```
let arr=[10,9,8,60,2,22,40];
let max=arr[0];
let maxIndex=0;
for(let i=0;i<arr.length;i++){
    if(arr[i+1]>max){
        max=arr[i+1];
        maxIndex=i+1;
    }
}
console.log("最大值是: "+max);
```

```
console.log("最大值的索引是："+maxIndex);
```

运行结果：

```
最大值是：60
最大值的索引是：3
```

8.2 二维数组

之前介绍的一维数组能够处理单门课程的成绩，若要处理两门课程甚至三门课程的成绩，利用一维数组显然无法实现。JavaScript 语言利用数组元素又是数组的特点，间接创建复杂的二维数组和多维数组。

例如，若要记录学生的语文、数学和英语成绩，需要利用表 8-2-1 所示的二维表格。

表 8-2-1　学生成绩表

	学生 1	学生 2	学生 3	学生 4	学生 5	学生 6	学生 7	学生 8
语文	90	80	76	86	93	69	85	80
数学	88	83	80	85	90	88	82	86
英语	85	86	82	88	92	85	80	85

处理表 8-2-1 所示的成绩时，需要引入二维数组的概念，若要处理多个学期多门课程的成绩，显然要引入三维数组的概念。

8.2.1 二维数组的定义

观察表 8-2-1 可知，行表示不同的课程，列表示各门课程学生 1 至学生 8 的成绩。简单地说，可以构造以下数组：

```
let arr=[语文成绩,数学成绩,英语成绩];
```

其中的语文成绩又是一个数组：

```
[90,80,76,86,93,69,85,80];
```

综合以上分析，如果数组中的各元素是另一个数组时，该数组就是二维数组。

定义二维数组的语法如下：

```
let arr=[[元素列表1],[元素列表2],[元素列表3],……];
```

代码说明：

因为二维数组中的各元素是一个数组，所以每个元素均是由"[]"括起来的一维数组组成的。

【例 8.6】 运用数组直接量定义表 8-2-1 所示的成绩数据。

```
let arr=[
        [90,80,76,86,93,69,85,80],
        [88,83,80,85,90,88,82,86],
        [85,86,82,88,92,85,80,85],
        ]
```

代码中的行表示每门课程的成绩，第一行元素代表语文成绩，是数组 arr 的第一个元素；第二行元素代表数学成绩，是数组 arr 的第二个元素；第三行元素代表英语成绩，是数组 arr 的第三个元素。

8.2.2 访问数组元素

之前介绍了利用"[]"运算符可以获取数组中指定的元素。因为二维数组在一维数组的基础上增加了一维，所以访问二维数组中的元素需要在一维数组的基础上增加元素在二维数组中的索引。

访问二维数组中元素的语法：

```
arr[i][j]
```

代码说明：

① arr[i]访问二维数组 arr 中索引为 i 的元素，该方法返回一个一维数组。

② 因为 arr[i]返回一个数组，所以 arr[i][j]在返回的数组中获取指定索引 j 处的元素。

为了直观地解释二维数组中元素的访问方法，请看以下例子。

【例 8.7】 访问数组 arr=[[1,2,3],[4,5,6],[7,8,9]]中的元素 arr[0]和 arr[2][1]。

程序：

```
let arr=[[1,2,3],[4,5,6],[7,8,9]];
console.log(arr[0]);
console.log(arr[2][1]);
```

程序分析：

第二行代码读取数组 arr 中索引为 0 的元素，它是一个一维数组[1,2,3]。第三行代码读取索引为 2 的元素[7,8,9]，并在这个数组中获取索引为 1 的元素。

运行结果：

```
[1,2,3]
8
```

8.2.3 遍历二维数组

因为二维数组存在两个维度，第一维度对应数组中的子元素，第二维度对应子元素中的元素，所以遍历元素的方法较一维数组更复杂。

【例 8.8】 遍历例 8.6 中的数组元素。

程序设计思想：

对于例 8.6 中的数组形式，第一维度是课程；第二维度是成绩列表，也是一个数组，所以需要结合双重循环实现对元素的遍历。

1. 遍历第一维度

首先遍历第一维度。利用 for 语句循环遍历第一维度中的元素。定义计数器 i 的初始值为 0，循环终止条件是：i<arr.length。

程序：

```
let arr=[
        [90,80,76,86,93,69,85,80],
        [88,83,80,85,90,88,82,86],
        [85,86,82,88,92,85,80,85],
        ]
for(i=0;i<arr.length;i++){
    console.log("数组索引"+i+"的元素为"+arr[i]);
}
```

运行结果：

数组索引 0 的元素为 90,80,76,86,93,69,85,80
数组索引 1 的元素为 88,83,80,85,90,88,82,86
数组索引 2 的元素为 85,86,82,88,92,85,80,85

上述程序输出数组中的三个元素，由于这三个元素又是数组，所以需要再次利用 for 语句访问数组中的元素。

2. 遍历数组中的所有元素

再次利用 for 语句实现对子元素中各元素的访问。将计数器 j 初始化为 0，终止条件是：j<arr[i].length。

程序：

```
let arr=[
        [90,80,76,86,93,69,85,80],
        [88,83,80,85,90,88,82,86],
```

```
            [85,86,82,88,92,85,80,85],
        ]
for(i=0;i<arr.length;i++){
    for(j=0;j<arr[i].length;j++){
        console.log(arr[i][j]);
    }
}
```

【例 8.9】根据例 8.6 中学生的课程成绩数组，统计语文、数学、英语成绩的平均分。

程序设计思想：

利用双重 for 语句访问二维数组中的所有元素，外层循环遍历课程，内层循环计算平均分。

程序：

```
let arr=[
        [90,80,76,86,93,69,85,80],
        [88,83,80,85,90,88,82,86],
        [85,86,82,88,92,85,80,85]
        ]
for(let i=0;i<arr.length;i++){
    let sum=0;
    for(let j=0;j<arr[i].length;j++){
        sum=sum+arr[i][j];
    }
    console.log("平均分为:"+sum/arr[i].length)
}
```

运行结果：

平均分为:82.375
平均分为:85.25
平均分为:85.375

需要注意的是，外层循环中的每一遍循环计算一门课程的平均分，为了避免与其他课程成绩混合求和，在进入内层循环之前必须为变量 sum 赋初值 0。

8.3 Array 对象常用方法

Array 对象是 JavaScript 语言内置的数组类，该类定义了诸多方法实现数组的常用操作。因为 JavaScript 引擎会将数组直接量自动转换为 Array 对象，所以数组直接量也具有该类的所有方法。

8.3.1 concat()

Array 对象的 concat()方法用来连接两个或多个数组，创建并返回一个新数组，这个新数组包括原数组中的元素及 concat()方法中的参数。

语法：

```
array.concat(array1,array2,…,arrayN)
```

代码说明：

array1,array2,…,arrayN 是需要连接的数组元素或一个数组。

例如：

```
let arr=["red","orange","yellow","green","blue"];
console.log(arr);
let newArr=arr.concat("indigo","purple");
console.log(newArr);
console.log(arr);
```

运行结果：

```
['red','orange','yellow','green','blue']
['red','orange','yellow','green','blue','indigo','purple']
['red','orange','yellow','green','blue']
```

concat()方法不会修改调用该方法的原始数组，若 concat()方法中的参数是数组，则连接该数组中的元素。

例如：

```
let arr=["red","orange","yellow","green","blue"];
let arr2=["indigo","purple"];
console.log(arr);
let newArr=arr.concat(arr2);
console.log(newArr);
console.log(arr);
```

运行结果：

```
['red','orange','yellow','green','blue']
['red','orange','yellow','green','blue','indigo','purple']
['red','orange','yellow','green','blue']
```

需要注意的是，concat()方法不会修改调用该方法的数组 arr 中的元素。

8.3.2　push()与pop()

1. push()

Array 对象的 push()方法在数组的尾部添加一个或多个元素,并返回数组新的长度。语法:

```
array.push(e1,e2,…,eX)
```

代码说明:

参数 e1,e2,…,eX 是添加到数组 array 中的元素。

例如:

```
let arr=["red","orange","yellow"];
console.log(arr);
let result=arr.push("green","blue");
console.log(result);
console.log(arr);
```

以上代码在数组 arr 的尾部添加元素"green"和"blue",数组长度为5,包含5个元素。

运行结果:

```
['red','orange','yellow']
5
['red','orange','yellow','green','blue']
```

2. pop()

pop()方法与 push()方法相反,它删除数组的最后一个元素,该方法减小数组的长度,并返回被删除的数组元素。

语法:

```
array.pop()
```

例如:

```
let arr=["red","orange","yellow","green","blue"];
console.log(arr);
let result =arr.pop();
console.log(result);
console.log(arr);
```

以上代码删除数组 arr 的最后一个元素"blue"。

运行结果:

```
['red', 'orange', 'yellow', 'green', 'blue']
```

```
blue
['red', 'orange', 'yellow', 'green']
```

需要注意的是,push()和 pop()方法修改并替换了原数组中的元素,而不是生成一个经过修改的新数组。

8.3.3 shift()与unshift()

1. shift()

shift()方法删除数组中的第一个元素,并返回第一个元素的值。

语法:

```
array.shift();
```

例如:

```
let arr=["red","orange","yellow","green","blue"];
console.log(arr);
let result =arr.shift();
console.log(result);
console.log(arr);
```

运行结果:

```
['red', 'orange', 'yellow', 'green', 'blue']
red
['orange','yellow','green','blue']
```

2. unshift()

unshift()方法在数组的头部添加一个或更多元素,并返回添加元素后数组的长度。

语法:

```
array.unshift(e1,e2,…,eX)
```

代码说明:

参数 e1,e2,…,eX 是添加到数组头部的元素。

例如:

```
let arr=["yellow","green","blue"];
console.log(arr);
let result=arr.unshift("red","orange");
console.log(result)
console.log(arr);
```

运行结果:

```
['yellow','green','blue']
5
['red', 'orange', 'yellow', 'green', 'blue']
```

8.3.4 slice()

slice()方法返回选定的元素组成的新数组。

语法：

```
array.slice(start,end);
```

代码说明：

① 参数 start 规定选取数组元素索引的起始位置。

② 参数 end 为可选参数，该参数规定结束选取的索引位置（不包括该元素）。如果没有指定该参数，则返回的数组包含从 start 开始到数组结束的所有元素。

例如：

```
let arr=["red","orange","yellow","green","blue","indigo","purple"];
console.log(arr);
let result=arr.slice(1,4);
console.log(result);
result=arr.slice(1);
console.log(result);
console.log(arr);
```

以上代码选取数组中索引 1 至索引 3 对应的数组元素组成的数组。

运行结果：

```
['red', 'orange', 'yellow', 'green', 'blue', 'indigo', 'purple']
['orange', 'yellow', 'green']
['orange', 'yellow', 'green', 'blue', 'indigo', 'purple']
['red', 'orange', 'yellow', 'green', 'blue', 'indigo', 'purple']
```

需要注意的是，slice()方法并不修改原数组中的元素，该方法返回包含从 start 到 end（不包括该元素）位置的数组元素。如果只指定一个参数，则返回的数组将包含从开始位置到结束位置的所有元素。

8.3.5 splice()

splice()方法可以在数组中插入或删除元素，返回被删除的项目。

语法：

```
array.splice(index,num,e1,e2,…,eX)
```

代码说明：

① index 参数规定了添加或删除项目的索引位置。

② num 参数指定要删除的项目数量，如果将其设置为 0，则不删除项目。

③ e1,e2,...,eX 为可选参数，它们是添加到原数组的新元素。

splice()方法删除从 index 处开始的零个或多个元素，并且将参数列表中定义的一个或多个元素（e1,e2,...,eX）插入索引位置。

例如：

```
let arr=["red","orange","yellow","green","blue","indigo","purple"];
console.log(arr);
let result= arr.splice(2,0,"black","grey");
console.log(result);
console.log(arr);
```

第三行代码中的第二个参数为"0"，即不删除数组 arr 中的任何元素，仅在 index 指定的索引位置插入新元素。本例在索引为 2 的位置插入新元素"black"和"grey"。

运行结果：

```
['red', 'orange', 'yellow', 'green', 'blue', 'indigo', 'purple']
[]
['red', 'orange', 'black', 'grey', 'yellow', 'green', 'blue', 'indigo', 'purple']
```

若指定第二个参数，则可以从指定的索引处开始往右删除 num 个元素，再插入新元素。

例如：

```
let arr=["red","orange","yellow","green","blue","indigo","purple"];
console.log(arr);
let result= arr.splice(2,1,"black","grey");
console.log(result);
console.log(arr);
```

第三行代码中的第二个参数为 1，表示从索引为 2 的位置开始删除一个元素"yellow"，并在该位置插入"black"和"grey"两个元素。

运行结果：

```
['red', 'orange', 'yellow', 'green', 'blue', 'indigo', 'purple']
['yellow']
['red', 'orange', 'black', 'grey', 'yellow', 'green', 'blue', 'indigo', 'purple']
```

与 slice()和 concat()方法不同，splice()方法会修改调用该方法的原数组。

8.3.6 reverse()

reverse()方法将原数组中的元素颠倒顺序，返回逆序后的数组。

语法：

```
array.reverse()
```

例如：

```
let arr=["red","orange","yellow","green","blue","indigo","purple"];
console.log(arr);
let result= arr.reverse();
console.log(result);
console.log(arr);
```

运行结果：

```
['red', 'orange', 'yellow', 'green', 'blue', 'indigo', 'purple']
['purple', 'indigo', 'blue', 'green', 'yellow', 'orange', 'red']
['purple', 'indigo', 'blue', 'green', 'yellow', 'orange', 'red']
```

8.3.7 sort()

sort()方法对数组中的元素进行升序排序，返回排序后的数组。

例如：

```
let arr1=["red","orange","yellow","green","blue","indigo","purple"];
console.log(arr1.sort());
let arr2=[1, 35, 46, 21, 100002]
console.log(arr2.sort());
console.log(arr2);
```

对于 Array 类的 sort()方法默认的排序规则，是将元素分别转换为字符串，根据这些字符串的 UTF-16 编码顺序进行排序。

对于字符串的排序，首先比较它们的第一个字符，如果第一个字符相同再比较它们的第二个字符。对于字符串"blue"和"green"，由于字符"b"的 UTF-16 编码在字符"g"之前，故排序结果"blue"也在"green"之前。对于数值的排序，虽然 21 小于 100002，但当它们被转换为字符串后，"100002"的编码在"21"之前，故 100002 排在 21 之前。

运行结果：

```
['blue', 'green', 'indigo', 'orange', 'purple', 'red', 'yellow']
[1, 100002, 21, 35, 46]
[1, 100002, 21, 35, 46]
```

以上运行结果中的第三行显示了经过排序后数组 arr2 中的元素,各元素的排列方式已经被 sort()方法改变。

值得注意的是,利用方法 sortby()对数值类元素的排序并未按照数值大小进行排序,而是按照字母表顺序排序,结果显然不符合实际需求。

为了能够按照其他方式对数组进行排序,必须给 sort()方法传递一个自定义函数,由这个函数决定排序方法。

语法:

```
arr.sort(sortby);
```

以上代码中的 sortby 是一个函数,该函数的返回值决定了排序方法。

例如:

```
function sortby(a,b){
    return a-b;
}
```

函数 sortby()中的形参 a 和 b 的大小决定了排序算法,规则如下:

① 如果第一个参数大于第二个参数(a-b>0),则交换两个元素,即递增排序;反之则递减排序。

② 如果 a 和 b 的值相等,即它们的顺序无关紧要,则函数返回 0。

例如:

```
function asc(a,b){
    return a-b;
}
function dec(a,b){
    return b-a;
}
let arr = [33,4,11,222];
console.log(arr);
console.log(arr.sort());
console.log(arr.sort(asc));
console.log(arr.sort(dec));
```

以上代码定义了函数 asc()和函数 dec(),利用这两个函数可以实现数值类数组元素的递增、递减排序。

运行结果：

```
[33,4,11,222]
[11,222,33,4]
[4,11,33,222]
[222,33,11,4]
```

因为函数 asc()和函数 dec()仅被调用一次，所以可以采用匿名函数的方式改写：

```
let arr = [33,4,11,222];
console.log(arr);
console.log(arr.sort());
console.log(arr.sort(function (a,b) {
    return a-b;
}));
console.log(arr.sort(function (a,b) {
    return b-a;
}));
```

8.3.8 toString()与toLocaleString()

1. toString()

方法 toString()是数组和其他 JavaScript 对象均有的方法，该方法将数组中的每个元素转化为字符串。

语法：

```
array.toString()
```

例如：

```
let arr=['blue', 'green', 'indigo', 'orange', 'purple', 'red', 'yellow'];
console.log(arr.toString());
```

运行结果：

```
blue,green,indigo,orange,purple,red,yellow
```

注意，输出结果中不包括方括号或其他任何形式的包裹数组值的分隔符。

2. toLocaleString()

方法 toLocaleString()是方法 toString()的本地化版本。调用该方法可以将每个数组元素转化为字符串，并且使用本地环境的分隔符将这些字符串连接成一个字符串。

例如：

```
let arr=['blue', 'green', 'indigo', 'orange', 'purple', 'red', 'yellow']
console.log(arr.toLocaleString ());
```

运行结果：

blue,green,indigo,orange,purple,red,yellow

方法 toLocaleString()会根据本地环境返回字符串，它和方法 toString()的返回值在不同的本地环境下使用的符号会有细微变化。

8.3.9 join()与split()

1. join()

join()方法将数组中的元素转化为字符串，并连接在一起，返回最后生成的字符串。该方法可以指定一个可选的字符串，用来分隔数组中的各个元素，如果不指定分隔符，则默认使用逗号。

例如：

```
let arr=['blue', 'green', 'indigo', 'orange', 'purple', 'red', 'yellow'];
console.log(arr.join());
console.log(arr.join("-"));
```

运行结果：

blue,green,indigo,orange,purple,red,yellow
blue-green-indigo-orange-purple-red-yellow

2. split()

split()方法将一个字符串分隔成字符串数组，并返回字符串数组。

语法：

string.split(separator,num);

代码说明：

① 参数 separator 指定分割符。

② 参数 num 指定返回数组的最大长度。如果设置了该参数，则返回的子串不会多于这个参数指定的数组。否则，整个字符串都会被分隔。

例如：

```
let str="How are you doing today?";
console.log(str.split(" "));
console.log(str.split(""));
```

```
console.log(str.split(" ",3));
console.log("--");
console.log("2:3:4:5".split(":"));
console.log("|a|b|c".split("|"));
```

运行结果:

```
How,are,you,doing,today?
H,o,w,,a,r,e,,y,o,u,,d,o,i,n,g,,t,o,d,a,y,?
How,are,you
--
["2","3","4","5"]
["","a","b","c"]
```

8.4 数组应用举例

8.4.1 学生成绩统计

【例 8.10】已知学生类包含姓名、语文成绩、数学成绩和英语成绩等属性,某班的期末考试成绩以对象数组形式存储在数组 arr 中。试编写程序:①输出每个学生的总分及平均分;②统计全班学生每门课程的平均分。

已知学生类定义如下:

```
class Student {
    constructor(studentName,chineseScore,mathScore,englishScore) {
        this.studentName = studentName;
        this.chineseScore = chineseScore;
        this.mathScore = mathScore;
        this.englishScore = englishScore;
    }
    getStudentName(){
        return this.studentName;
    }

    getChineseScore() {
        return this.chineseScore;
    }

    getMathScore() {
        return this.mathScore;
    }
```

```
        getEnglishScore() {
            return this.englishScore;
        }
    }
```

初始化学生数组如下:
```
let s1=new Student("李晓华",90,86,80);
let s2=new Student("陆小鱼",88,76,83);
let s3=new Student("张茜",89,86,78);
let s4=new Student("陈华",90,88,86);
let s5=new Student("李达",96,90,88);
let arr=[s1,s2,s3,s4,s5]
```

1. 计算每个学生的总分和平均分

程序设计思想:

由于数组中的每个元素是学生对象,遍历数组中的每个学生对象,即可计算总分及平均分。

```
for (let i = 0; i < arr.length - 1; i++) {
    let student = arr[i];
    let total = student.getChineseScore()
            + student.getEnglishScore()
            + student.getMathScore();
    console.log(student.getStudentName()+"总分:"+total+",平均分:"+total/3);
}
```

2. 计算全班学生每门课程的平均分

程序设计思想:

遍历数组,先对学生每门课程的成绩进行累加,再计算平均分。

```
let chineseScores=0;
let mathScores=0;
let englishScores=0;
for (let i = 0; i < arr.length - 1; i++) {
    let student = arr[i];
    chineseScores=chineseScores+student.getChineseScore();
    mathScores=mathScores+student.getMathScore();
    englishScores=englishScores+student.getEnglishScore();
}
console.log("语文平均分:"+ chineseScores / arr.length);
console.log("数学平均分:"+ mathScores / arr.length);
console.log("英语平均分:"+ englishScores / arr.length);
```

运行结果：

语文平均分：90.6
数学平均分：85.2
英语平均分：83

如果学生的课程数量较多，在创建对象时，则可以考虑定义成绩类 score，并在实例化学生对象时将成绩对象作为参数。

8.4.2 冒泡排序

查找和排序是计算机科学中基本的算法之一，在数组中查找最大值、最小值、为数组元素排序等是进行程序设计和软件研发必备的知识。

【例 8.11】已知数组 arr=[47,38,65,97,76,13,27,49]，设计算法实现数组元素从小到大排列。

程序设计思想：

1. 概念

冒泡排序是排序算法中相对简单的排序算法。这种算法从数组的第一个元素起依次比较相邻的两个数据，将较小的数据调换到前面，将较大的数据调换到后面。

2. 算法分析

长度为 n 的数组 arr 的排序过程如下。

遍历数组，从第一个元素开始对数组中相邻的两个元素进行比较，如果数组左侧的元素大于右侧的元素，则交换这两个元素的位置。

当完成一轮遍历后，数组最右侧的元素即最大值。

如图 8-4-1 所示为第一轮排序流程图。

完成第一轮排序后，继续对数组左侧的 n-1 个元素排序。

3. 算法实现

遍历数组，从数组索引 0 开始至其长度-2（最大索引值为-1），依次比较前后两个元素 r[i] 和 r[i+1]的大小，如果前一个元素 r[i]大于后一个元素 r[i+1]，则交换它们的位置；否则不作处理。

对于数组 arr=[47,38,65,97,76,13,27,49]，下面列出了每次比较后各元素位置的变化情况。

初始值：[47,38,65,97,76,13,27,49]

第一次交换：[38,**47**,65,97,76,13,27,49]

第二次交换：[38,47,**65**,97,76,13,27,49]

第三次交换：[38,47,65,**97**,76,13,27,49]

第四次交换：[38,47,65,76,**97**,13,27,49]

第五次交换：[38,47,65,76,13,**97**,27,49]

第六次交换：[38,47,65,76,13,27,**97**,49]

第七次交换：[38,47,65,76,13,27,49,**97**]

经过七次交换，最大值 97 移至数组的末尾。

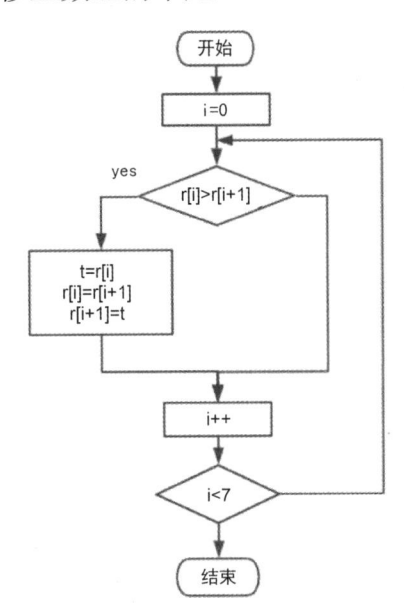

图 8-4-1 第一轮排序流程图

冒泡排序第一轮排序程序：

```
let r = [47,38,65,97,76,13,27,49];
for (let i = 0; i < 8-1; i++) {
    if (r[i]>r[i + 1]) {
        let temp = r[i];
        r[i] = r[i + 1];
        r[i + 1] = temp;
    }
}
console.log(r);
```

运行结果：

[38,47,65,76,13,27,49,97]

经过第一轮排序，最大值已经被交换至最后，继续进行下一轮排序，直至所有元素升序排列为止。

对于一个长度为 8 的数组，需要进行 8-1 轮排序才能完成排序，也就是说，在第一轮排序的外围再加一层 for 循环即可实现排序算法。

程序：

```
let r = [47,38,65,97,76,13,27,49];
for(let j=0;j<8-1;j++)
{
    for (let i = 0; i < 8-1; i++) {
      if (r[i]>r[i + 1]) {
          temp = r[i];
          r[i] = r[i + 1];
          r[i + 1] = temp;
      }
    }
    console.log("第"+(j+1)+ "轮排序结果："+r);   //打印每一轮交换后的数组
}
console.log("排序后的数组："+r);
```

程序分析：

① 粗体代码完成一轮排序。

② 斜体代码重复多轮排序，for 语句中的计数器 j 从 0 递增至 6，即重复 7 轮排序后实现了包含 8 个元素的数组排序。

下面列出了每轮排序后数组元素的排列情况。

初始值：[47,38,65,97,76,13,27,49]

第一轮排序：[38,47,65,76,13,27,49,**97**]

第二轮排序：[38,47,65,13,27,49,**76**,97]

第三轮排序：[38,47,13,27,49,**65**,76,97]

第四轮排序：[38,13,27,47,**49**,65,76,97]

第五轮排序：[13,27,38,**47**,49,65,76,97]

第六轮排序：[13,27,**38**,47,49,65,76,97]

第七轮排序：[13,**27**,38,47,49,65,76,97]

粗体文字展示了该轮比较过程中最大值在数组中的最终位置。

4. 算法优化

优化算法是提高程序运行效率最好的方法，寻找最优算法可以有效减少程序运行的次数。对于冒泡排序来说，如何减少比较的次数是应该深入思考的。

再次分析上述排序过程，第一轮排序后，最大数移至数组的末尾，第二轮排序时只需要对前面 7 个数据作交换处理；第三轮排序仅需对前面 6 个数据作交换处理……。由此得知，我们可以对内循环的比较次数进行优化。

即第一轮排序，j=0 时，比较 7 次；第二轮排序，j=1 时，比较 7-1 次，……，依次类推，可以得到内循环中的 j=8-1-j。另外，8-1-j 可以通过数组的长度获取，即 j=r.length-1-j。

下面是优化后的冒泡排序代码：

```
let r = [47,38,65,97,76,13,27,49];              //数组初始化
for(let j=0;j<8-1;j++)                          //外循环，控制七轮排序
{
    for (let i = 0; i < r.length-1-j; i++) {    //内循环，控制一轮排序
        if (r[i]>r[i + 1]) {
            temp = r[i];
            r[i] = r[i + 1];
            r[i + 1] = temp;
        }
    }
    console.log("第"+(j+1)+ "轮排序结果："+r);    //打印每一轮交换后的数组
    console.log("<br>");
}
console.log("排序后数组："+r);
```

对于冒泡排序来说，每进行一轮排序，就会少比较一次，因为每进行一轮排序都会找出一个较大值。经过第一轮排序之后，排在最后的数一定是数组中的最大值；在第二轮排序时，只需要比较除了最大值的元素，同样也能找出一个最大值，排在数组倒数第二的位置；在第三轮排序时，只需比较除了最后两个元素的其他元素，……，依次类推。

也就是说，每进行一轮排序，比较的元素就少一个，这在一定程度上减少了算法的运算量。

8.4.3 贪吃蛇的移动

【例 8.12】 在例 7.14 的基础上，结合数组的功能实现蛇的移动、越界判断等功能。

程序设计思想：

蛇的移动其实是蛇头、蛇身、蛇尾各部位的同步移动，也就是蛇各部位 x、y 坐标的变换。将蛇头、蛇身、蛇尾等部位放入数组，根据所处位置指定它们的 x、y 坐标，可以控制蛇各部位同步有机地运动。

1. 定义蛇类

```
class Snake extends Array{
    constructor(length,point){
        this.length=length;
        this.point=point;
        initSnake();
    }
}
```

程序说明：

① 初始化蛇对象时，调用方法 initSnake()生成蛇的各部位，运用循环及坐标 x 递增 15 的方式生成蛇尾、蛇身、蛇头，组成数组，其中，蛇尾的索引位置是 0、蛇身的索引位置是 1 至 4、蛇头的索引位置是 5，并将蛇头颜色设置为红色。

② 为了实时了解蛇所处的位置，编写方法 toString()遍历蛇的各部位，获取当前位置等信息。

2. 蛇的移动

蛇各部位的有机联动形成了蛇的移动。

例如：

若蛇往右移动，可以在数组尾部插入一个新的 Snake_item 对象，再删除数组头部 Snake_item，利用之前介绍的 push()和 shift()方法可以实现此移动算法。完成上述操作后，重新绘制游戏面板即可实现蛇的移动。

初始状态：snake=[item0,item1,item2,item3,item4,item5]

插入对象：snake=[item0,item1,item2,item3,item4,item5,**new_item**]

删除对象：snake=[~~item0,~~item1,item2,item3,item4,item5,**new_item**]

删除数组元素只需调用 shift()方法。在数组尾部插入新对象作为蛇头，它的 x、y 坐标需要结合当前坐标计算出来：首先，获取当前蛇头位置；然后，在该对象 x、y 坐标的基础上，根据移动方向计算出新位置。即：

① 获取当前蛇头位置。

② 根据运动方向计算出蛇头的新位置，创建新的蛇头后将其插入数组尾部。

如果蛇往右移动，则在原蛇头 x 坐标的基础上加 15，y 坐标不变，编写 moveRight() 方法。

程序：

```
moveRight() {
    let head=this[5].getPointer();
```

```
            let pointer=new Pointer(head.getX()+15,head.getY())
            let item=new Snake_item(pointer,"red");
            this.push(item);
            snake.shift();
    }
```

测试：
```
let snake=new Snake();
console.log("蛇初始位置：")
console.log(snake.toString());
//
console.log("蛇往右移动后新位置：")
snake.moveRight();
console.log(snake.toString());
```

如图 8-4-2 和图 8-4-3 所示为蛇往右移动后在游戏面板中的效果。

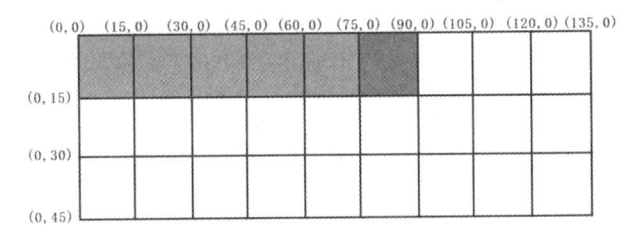

图 8-4-2　蛇初始位置

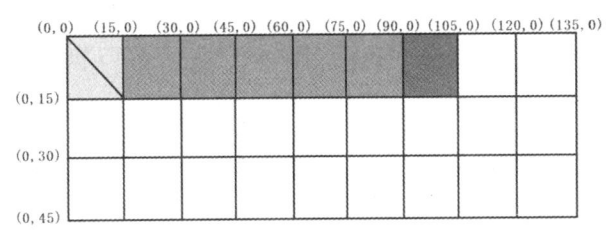

图 8-4-3　蛇往右移动

运行结果：

蛇初始位置：
元素 0 位置：x 坐标 0,y 坐标 0
元素 1 位置：x 坐标 15,y 坐标 0
元素 2 位置：x 坐标 30,y 坐标 0
元素 3 位置：x 坐标 45,y 坐标 0
元素 4 位置：x 坐标 60,y 坐标 0
元素 5 位置：x 坐标 75,y 坐标 0
蛇往右移动后新位置：
元素 0 位置：x 坐标 15,y 坐标 0
元素 1 位置：x 坐标 30,y 坐标 0
元素 2 位置：x 坐标 45,y 坐标 0
元素 3 位置：x 坐标 60,y 坐标 0
元素 4 位置：x 坐标 75,y 坐标 0
元素 5 位置：x 坐标 90,y 坐标 0

根据上述思想编写蛇往下、往左、往上移动的方法。

3. 判断蛇是否越界

贪吃蛇的游戏规则是蛇身触碰边界游戏就结束。分析蛇在游戏面板中的运动轨迹，是否越界仅需考虑蛇头的 x、y 坐标是否超越边界的 x、y 坐标。由于蛇头最先移动，也就是说，只要蛇头的 x、y 坐标超出范围即发生越界行为。

在 Snake 类中定义方法 isOverflow()判断蛇头是否移出游戏区域，如果是则返回 true，否则返回 false，并根据返回值决定后续行为。

判断蛇头是否越界，需要根据其 x、y 坐标计算得出。

1）x 轴方向判断

游戏面板横向有 60 个方块，每个方块的宽度为 15px，由于左上角第一个方块的顶点是{x:0,y:0}，故推算最右侧方块的顶点是{x:885,y:0}。

也就是说，蛇头 x 坐标在 0 和 885 之间时未越界，即蛇头在 x 轴方向越界的条件判断是：x>885 或 x<0。

2）y 轴方向判断

游戏面板纵向有 40 个方块，可以推算出右下角方块的顶点是{x:885,y:585}。也就是说，在 y 轴方向的有效区间是 0 至 585，蛇头在 y 轴方向越界的条件判断是：y>585 或 y<0。

只需满足上述四种越界情况中的一种即越界。结合上述对蛇头 x 轴和 y 轴方向的判断，编写蛇头越界判断方法。

程序：

```
class Snake extends Array{
    ……
    isOverflow(){
        let item=this[5];
        if (item.getX()>885||item.getX()<0||item.getY()>585||item.getY()<0) {
            return true;
        }
        return false;
    }
    ……
}
```

程序分析：

① 获取蛇头对象。

② 根据其 x、y 坐标判断越界行为。

综上所述，编写完整的类定义程序代码。

程序：

```
class Pointer {
```

```
    constructor(x, y) {
        this.x = x;
        this.y = y;
    }
    getX() {
        return this.x;
    }
    getY() {
        return this.y;
    }
    toString() {
        return "x 坐标" + this.x + ",y 坐标" + this.y
    }
}
class Snake_item extends Pointer {
    constructor(pointer, color = "black") {
        super(pointer.getX(), pointer.getY());
        this.color = color;
    }
    setColor(color) {
        this.color = color;
    }
    getPointer() {
        return new Pointer(this.x, this.y);
    }
    setPointer(pointer) {
        this.x = pointer.x;
        this.y = pointer.y;
    }
    moveRight() {
        this.x = this.x + 15;
    }
    moveBottom() {
        this.y = this.y + 15;
    }
    moveLeft() {
        this.x = this.x - 15;
    }
    moveTop() {
        this.y = this.y - 15;
    }
}
```

```javascript
class Snake extends Array {
    constructor() {
        super();
        this.initSnake();
    }
    //初始位置是0；如果在其他位置，则需要修改new Pointer()参数
    initSnake() {
        for (let i = 0; i < 6; i++) {
            let item = new Snake_item(new Pointer(i * 15, 0));
            if (i == 5) {
                item.setColor("red");
            }
            this[i] = item;
        }
    }
    isOverflow() {
        let item = this[5];
        if (item.getX() > 885 || item.getX() < 0 || item.getY() > 585 || item.getY() < 0) {
            return true;
        }
        return false;
    }
    toString() {
        let str = "";
        for (let i = 0; i < 6; i++) {
            let item = this[i];
            str = str + "元素" + i + "位置: " + item.getPointer().toString()+"\n";
        }
        return str;
    }
    getSelf() {
        return this;
    }
    moveRight() {
        let head = this[5].getPointer();
        let pointer = new Pointer(head.getX() + 15, head.getY())
        let item = new Snake_item(pointer, "red");
        this.push(item);
        snake.shift();
```

```
    }
    moveBottom() {
        let head = this[5].getPointer();
        let pointer = new Pointer(head.getX(), head.getY() + 15)
        let item = new Snake_item(pointer, "red");
        this.push(item);
        snake.shift();
    }
    moveLeft() {
        let head = this[5].getPointer();
        let pointer = new Pointer(head.getX()-15, head.getY())
        let item = new Snake_item(pointer, "red");
        this.push(item);
        snake.shift();
    }
    moveTop() {
        let head = this[5].getPointer();
        let pointer = new Pointer(head.getX(), head.getY() - 15)
        let item = new Snake_item(pointer, "red");
        this.push(item);
        snake.shift();
    }
}
let snake = new Snake();
console.log("蛇初始位置：")
console.log(snake.toString());
//
snake.moveRight();
console.log("蛇往右移动一格后新位置：")
console.log(snake.toString());
//
snake.moveRight();
console.log("蛇继续往右移动一格后新位置：")
console.log(snake.toString());
//
snake.moveBottom();
console.log("蛇往下移动一格后新位置：")
console.log(snake.toString());
//
snake.moveRight();
console.log("蛇往右移动一格后新位置：")
console.log(snake.toString());
```

```
//
snake.moveTop();
console.log("蛇往上移动一格后新位置：")
console.log(snake.toString());
//
snake.moveTop();
console.log("蛇继续往上移动一格后新位置：")
console.log(snake.toString());
console.log("是否越界："+snake.isOverflow());
```

如图 8-4-4～图 8-4-10 所示为蛇在游戏面板中的运动轨迹。

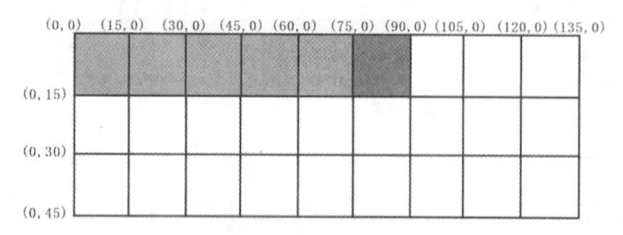

图 8-4-4　蛇初始位置

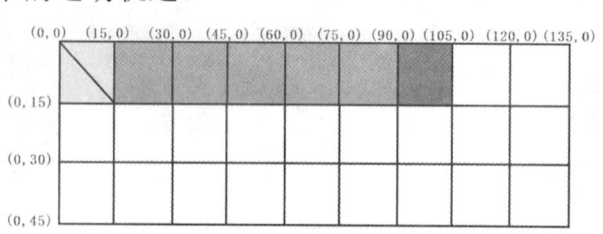

图 8-4-5　蛇往右移动一格

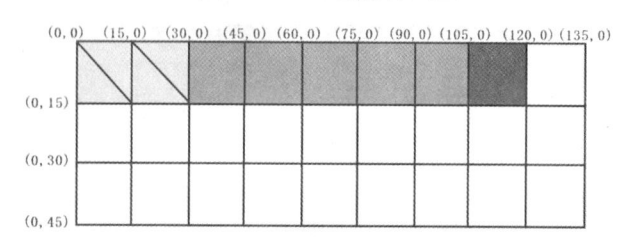

图 8-4-6　蛇继续往右移动一格

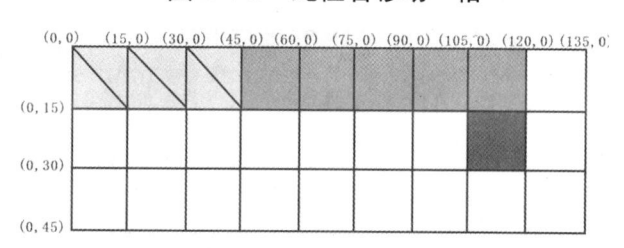

图 8-4-7　蛇往下移动一格

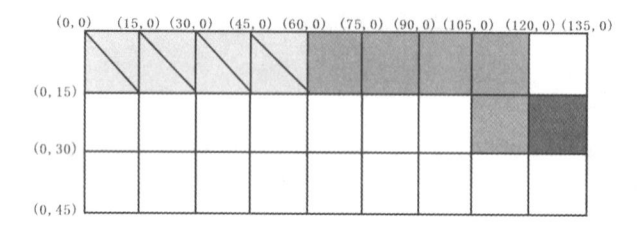

图 8-4-8　蛇往右移动一格

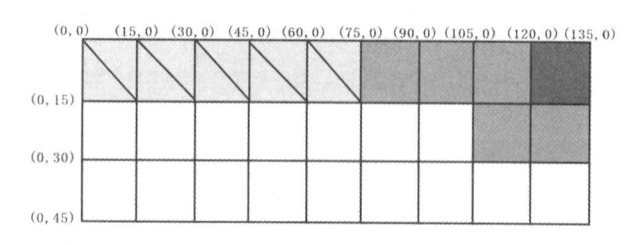

图 8-4-9　蛇往上移动一格

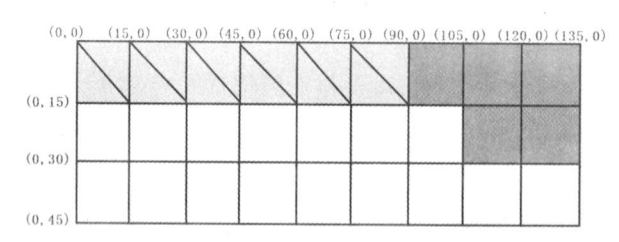

图 8-4-10　蛇继续往上移动一格

运行结果：

蛇初始位置：

元素 0 位置：x 坐标 0, y 坐标 0

元素 1 位置：x 坐标 15,y 坐标 0
元素 2 位置：x 坐标 30,y 坐标 0
元素 3 位置：x 坐标 45,y 坐标 0
元素 4 位置：x 坐标 60,y 坐标 0
元素 5 位置：x 坐标 75,y 坐标 0
蛇往右移动一格后新位置：
元素 0 位置：x 坐标 15,y 坐标 0
元素 1 位置：x 坐标 30,y 坐标 0
元素 2 位置：x 坐标 45,y 坐标 0
元素 3 位置：x 坐标 60,y 坐标 0
元素 4 位置：x 坐标 75,y 坐标 0
元素 5 位置：x 坐标 90,y 坐标 0
蛇继续往右移动一格后新位置：
元素 0 位置：x 坐标 30,y 坐标 0
元素 1 位置：x 坐标 45,y 坐标 0
元素 2 位置：x 坐标 60,y 坐标 0
元素 3 位置：x 坐标 75,y 坐标 0
元素 4 位置：x 坐标 90,y 坐标 0
元素 5 位置：x 坐标 105,y 坐标 0
蛇往下移动一格后新位置：
元素 0 位置：x 坐标 45,y 坐标 0
元素 1 位置：x 坐标 60,y 坐标 0
元素 2 位置：x 坐标 75,y 坐标 0
元素 3 位置：x 坐标 90,y 坐标 0
元素 4 位置：x 坐标 105,y 坐标 0
元素 5 位置：x 坐标 105,y 坐标 15
蛇往右移动一格后新位置：
元素 0 位置：x 坐标 60,y 坐标 0
元素 1 位置：x 坐标 75,y 坐标 0
元素 2 位置：x 坐标 90,y 坐标 0
元素 3 位置：x 坐标 105,y 坐标 0
元素 4 位置：x 坐标 105,y 坐标 15
元素 5 位置：x 坐标 120,y 坐标 15
蛇往上移动一格后新位置：
元素 0 位置：x 坐标 75,y 坐标 0
元素 1 位置：x 坐标 90,y 坐标 0
元素 2 位置：x 坐标 105,y 坐标 0
元素 3 位置：x 坐标 105,y 坐标 15
元素 4 位置：x 坐标 120,y 坐标 15
元素 5 位置：x 坐标 120,y 坐标 0
蛇继续往上移动一格后新位置：
元素 0 位置：x 坐标 90,y 坐标 0

元素 1 位置：x 坐标 105,y 坐标 0
元素 2 位置：x 坐标 105,y 坐标 15
元素 3 位置：x 坐标 120,y 坐标 15
元素 4 位置：x 坐标 120,y 坐标 0
元素 5 位置：x 坐标 120,y 坐标-15
是否越界：true

8.4.4 绘制迷宫地图

"迷宫"是一款迷宫探索游戏，游戏者将在风格迥异的迷宫中解开机关与谜题，最终到达终点。随机、动态生成的迷宫路径与机关将给游戏者带来近乎无限的可玩性。

如图 8-4-11 所示为迷宫地图。

图 8-4-11 迷宫地图

【例 8.13】已知地图数组 map 如下，试在控制台根据地图数据模拟输出迷宫地图，其中，"0"显示空白，"1"显示星号。

```
let map=[[1,1,1,1,1,1,1,1,1,1,1,1,1,1,1,1,1,1,1,1,1,1,1],
        [0,0,1,0,0,0,0,0,0,0,1,0,0,0,1,0,0,0,0,0,0,1,0,1],
        [1,0,1,0,1,1,1,1,0,1,0,1,0,1,0,1,1,1,1,0,1,0,1],
        [1,0,0,0,0,0,0,1,0,1,0,1,0,1,0,1,0,0,0,0,0,1,0,1],
        [1,1,1,1,1,0,1,0,1,0,1,0,1,0,1,0,1,1,1,1,1,0,1],
        [1,0,0,0,0,0,0,0,1,0,0,0,1,0,1,0,1,0,1,0,0,0,0,0,1],
        [1,0,1,1,1,1,1,1,1,1,0,1,0,1,0,1,0,1,1,1,1,1],
        [1,0,0,0,0,0,0,0,0,0,0,1,0,1,0,0,0,0,0,1,0,0,0,1],
        [1,0,1,1,1,1,1,1,1,1,0,1,0,1,0,1,1,1,1,1,0,1,0,1],
        [1,0,1,0,0,0,1,0,0,0,1,0,1,0,0,0,0,0,1,0,0,0,1,0,1],
        [1,0,1,0,1,0,1,0,1,0,1,0,1,1,1,0,1,0,1,0,1,1,1,0,1],
        [1,0,1,0,1,0,0,0,1,0,1,0,0,0,0,1,0,0,0,0,1,0,0,0,1],
```

```
[1,0,1,0,1,1,1,1,1,1,1,1,1,0,1,0,1,1,1,1,1,1,1,1,1],
[1,0,1,0,0,0,0,0,0,0,0,0,1,0,1,0,1,0,0,0,0,0,0,0,1],
[1,1,1,0,1,1,1,1,1,1,1,0,1,0,1,0,1,0,1,1,1,1,1,0,1],
[1,0,0,0,1,0,0,0,0,0,1,0,0,0,1,0,0,0,1,0,0,0,1,0,1],
[1,0,1,1,1,1,1,0,1,1,1,1,1,1,0,1,1,1,0,1,1,1,1,0,1],
[1,0,0,0,0,0,1,0,0,0,0,0,0,1,0,0,0,1,0,1,0,0,0,0,1],
[1,1,1,1,0,1,1,1,0,1,1,1,1,1,1,1,0,1,0,1,0,1,1,1,1],
[1,0,0,0,0,0,0,1,0,0,0,0,1,0,0,0,1,0,0,0,0,0,1,0,1],
[1,0,1,1,1,1,1,1,1,1,1,0,1,0,1,0,1,1,1,1,1,1,1,0,1],
[1,0,0,0,1,0,1,0,0,0,0,0,0,1,0,1,0,0,0,0,0,1,0,1],
[1,1,1,0,1,0,1,0,1,1,1,0,1,1,1,0,1,0,1,1,1,1,1,0,1],
[1,0,0,0,0,1,0,0,0,1,0,0,0,0,1,0,0,0,0,0,0,0,0,0],
[1,1,1,1,1,1,1,1,1,1,1,1,1,1,1,1,1,1,1,1,1,1,1,1,1]]
```

程序设计思想：

迷宫地图的数据由一个二维数组构成，第一个元素对应迷宫地图第一行，第二个元素对应迷宫地图第二行，……，依次类推。第一个元素中的各元素对应第一行的第一列、第二列、第三列……

迷宫地图数据如上所示，数组元素 1 和 0 分别代表迷宫地图中的墙和路，遍历这个二维数组可以在网页生成地图。由于在网页生成地图需要具备 Canvas 或 DIV 相关的技术，这些内容超出本书讲解范围，故本例试图探讨在控制台简化并模拟迷宫地图的输出，利用星号"*"代表地图中的墙，空白" "代表地图中的路。

根据上面的分析，本例利用双重 for 语句实现输出。外循环控制行数，内循环控制行内符号的输出。

程序：

```
function drawMap(map){
    for (let y = 0; y < map.length; y++) {
        let s="";
        for (let x = 0; x < map[y].length; x++) {
            if(map[y][x]==1)
                s=s+"*"
            else
                s=s+" ";
        }
        console.log(s);
    }
}
```

JavaScript 常用对象

学习一门语言，不但需要掌握语法知识和语言特性，还需要掌握该语言提供的内置对象或类库，利用它们能够有效地提高程序设计的效率。

基本每种程序语言都提供了扩展功能和应用范围的方法，JavaScript 语言提供了处理字符串的 String 对象、与科学计算有关的 Math 对象、与日期相关的 Date 对象等。本节将对这些常用的内置对象做简要介绍。

9.1 String 对象

到目前为止，对于字符串的操作仅限于字符串的连接，以及在控制台输出。其实，在 Web 应用开发中，字符串的使用场景很多，关键字搜索、文本识别等均是字符串运用的拓展。

本节介绍 String 对象的概念，以及该对象的常用方法。

9.1.1 创建 String 对象

由单引号或双引号括起来的字符串称为基本字符串。而 String 对象属于 object 类型，是 JavaScript 语言的核心对象之一，多用于文本处理。

创建该对象使用 new 关键字,"()"内的字符串是传递给构造方法的参数,后面紧跟类名。

例如:
```
let str=new String("Hello world ");
```
以上代码创建并返回一个 String 对象,且赋值给变量 str。

9.1.2 String 对象的属性

在继续介绍 String 对象的属性和方法之前,正确认识字符串直接量和 String 对象的区别,以及它们之间的内在关系,对于后续学习具有重要的意义。

1. 基本字符串和 String 对象

基本字符串不具有 String 对象的属性和方法,将它转换为 String 对象之后,它才拥有相应的属性和方法。

在实际的程序设计中,当基本字符串试图调用字符串对象的属性和方法时,JavaScript 引擎会自动将它转化为 String 对象,并调用相应的属性和方法。

9.1.1 节中的代码相当于执行了以下过程:
```
let s="Hello world";
str=new String(s);
```
也就是说,程序中出现的字符串都可以被当作 String 对象使用。不同之处在于,基本字符串是 string 类型,String 对象是 object 类型。

例如:
```
let s1="Hello World";
let s2=new String("Hello World");
console.log(typeof s1);
console.log(typeof s2);
```
在以上代码中,变量 s1 中保存的是基本字符串,变量 s2 中保存的是 String 对象。

运行结果:
```
string
object
```

2. String 对象的属性

字符串的长度是指其包含字符的个数,String 对象的 length 属性返回字符串中的字符数,空字符串的长度为 0。

例如：

```
let str = new String("Hello world");
console.log(str.length);
```

运行结果：

11

字符串的索引从0开始，最左侧字符的索引是0，从左往右数第二个字符的索引是1，……，依次类推。

例如，字符串"Hello world"的长度为11，索引为0的字符为H，索引为1的字符为e。

例如：

```
let s1="Hello world";
console.log(s1[0]);
console.log(s1[4]);
```

上述代码访问字符串中索引为0和4的字符。

运行结果：

H
o

【例9.1】输出字符串中的所有字符。

程序设计思想：

利用索引可以访问字符串中的字符，遍历字符串中的所有索引即可访问所有字符。字符串的起始索引是0，终止索引是它的长度减1，故利用for语句为计数器定义有效的索引范围即可实现本例的要求。

程序：

```
let str="Hello world";
for(let i=0;i<str.length;i++){
        console.log(str[i]);
}
```

运行结果：略。

9.1.3　String对象的常用方法

String对象是JavaScript语言的核心对象之一，该对象提供了一系列常用的字符串操作方法，包括替换字符串中的特定文本、提取字符串中的片段、查找特定字符在字符串中出现的位置等，这些方法对提高程序编写效率具有很大帮助。

需要注意的是，调用 String 对象的方法都返回一个新字符串，这些方法不会修改原始字符串。换句话说，JavaScript 语言中的字符串是不可变的。

1. indexOf()与 lastIndexOf()

indexOf()与 lastIndexOf()方法可以在字符串中查找指定字符串（或称为子串）的索引位置。其中，indexOf()方法返回子串首次出现位置的索引，lastIndexOf()方法返回子串最后一次出现位置的索引。

1）indexOf()

indexOf()方法从左往右搜索字符串，返回指定子串第一次出现位置的索引。

语法：

```
str.indexOf(value[, fromIndex])
```

代码说明：

代码中的符号"[]"说明里面的参数是可选的，可以选择一个，也可以不选择。注意，不要将"[]"本身输入程序中。

① 参数 value 是要查找的子串。如果没有明确提供这个参数，则它会被强制设置为"undefined"，并在原始字符串中查找字符串"undefined"。

② 参数 fromIndex 是可选参数，表示在字符串索引 fromIndex 处开始查找子串，可以是任意整数，默认值是 0。

该方法从字符串的索引 fromIndex 处往右搜索子串，如果找到子串，则返回子串第一个字符在字符串中的索引；如果未找到子串，则返回-1。

例如：

```
let str = "The full name of China is the People's Republic of China.";
console.log(str.indexOf("China"));
```

运行结果：

17

又如，以下代码从索引 18 处往右搜索子串"China"：

```
let str = "The full name of China is the People's Republic of China.";
console.log(str.indexOf("China",18));
```

运行结果：

51

【例 9.2】统计在一个字符串中某个字母出现的次数。

程序设计思想：

本例的实现方法是利用 indexOf()方法从字符串起始索引 0 处往右搜索字母"e"，如果找到该字母，则从返回的索引位置加 1 处继续搜索，直到找不到该字母为止。

程序：

```
let str = 'To be, or not to be, that is the question.';
let count = 0;
let pos = str.indexOf('e');
while (pos!=-1) {
   count++;
   pos = str.indexOf('e', pos + 1);
}
console.log(count);
```

2）lastIndexOf()

与 indexOf()方法不同的是，lastIndexOf()方法从指定索引往左搜索子串，返回子串在字符串中最后一次出现位置的索引。

语法：

```
str.lastIndexOf(value[, fromIndex])
```

代码说明：

① 参数 value 是要查找的子串。

② 参数 fromIndex 是可选参数，指定从字符串索引 fromIndex 处开始往左搜索子串。如果找到子串，则返回子串第一个字符在字符串中的位置；如果未找到子串，则返回-1。

例如：

```
let str = "The full name of China is the People's Republic of China.";
console.log(str.lastIndexOf("China"));
```

运行结果：

51

又如，以下代码从索引 50 处往左搜索子串"China"：

```
let str = "The full name of China is the People's Republic of China.";
console.log(str.lastIndexOf("China",50));
```

运行结果：

17

2. substring()与 slice()

JavaScript 语言中的 substring()、substr()和 slice()方法可以截取字符串中的子串。由于

substr()方法并非 JavaScript 语言的核心部分，故这里不再进一步介绍。

1）substring()

substring()方法截取并返回字符串中指定索引之间的字符串。

语法：

```
str.substring(start[,end])
```

代码说明：

① 参数 start 是要截取的子串的起始索引，该索引位置的字符作为返回字符串的首字母。

② 参数 end 是可选参数，指定要截取的子串的终止索引，其值介于 0 与字符串长度之间。若省略该参数，则返回起始索引至字符串结尾的字符串。

需要注意的是，终止索引位置的字符并不包含在截取的字符串内。

【例 9.3】编写程序，获取身份证号中的出生日期。

众所周知，身份证号的第 7 位至第 10 位代表年，第 11 位和第 12 位代表月，第 13 位和第 14 位代表日。下面的程序利用 substring()方法获取并输出身份证号中的出生日期。

```
function getBirthYear(str){
    return str.substring(6,10);
}
function getBirthMonth(str){
    return str.substring(10,12);
}
function getBirthDay(str){
        return str.substring(12,14);
}
let id="310230198009104761";
let year=getBirthYear(id);
let month=getBirthMonth(id);
let day=getBirthDay(id);
console.log("您的出生日期是："+year+"年"+month+"月"+day+"日");
```

运行结果：

您的出生日期是：1980 年 9 月 10 日

2）slice()

slice()方法是对 substring()方法的扩展，允许使用负数作为参数，故它比 substring()方法具有更灵活的功能。

语法：

```
str.slice(start[,end])
```

代码说明：

① 参数 start 指定截取子串的起始索引。如果该数是负数，则从字符串的尾部开始计算，-1 指字符串最右侧的字符，-2 指从右往左数第二个字符，……，依次类推。

② 参数 end 指定截取子串的终止索引。该参数是可选参数，若未指定该参数，则截取起始索引 start 至字符串结尾的字符串；若该参数是负数，则从字符串右侧往左计算截取范围。

和 substring()方法一样，slice()方法截取的子串包括起始索引 start 处的字符，但不包括终止索引 end 处的字符。

例如：

```
let str = "The full name of China is the People's Republic of China.";
console.log(str. slice(4,8));
```

以上代码返回字符串 str 中索引 4 至索引 8 的子串。

运行结果：

```
full
```

又如：

```
let str = "The full name of China is the People's Republic of China.";
console.log(str. slice(-18,-10));
```

以上代码获取索引-18 到索引-10 的子串，也就是字符串从右往左数第 18 个元素至第 11 个元素。

运行结果：

```
Republic
```

再如：

```
let str = "The full name of China is the People's Republic of China.";
console.log(str. slice(-18));
```

若省略方法的第二个参数，则返回起始索引至字符串结尾的子串。

运行结果：

```
Republic of China.
```

需要注意的是，参数 start 的值应小于参数 end 的值，否则 slice()方法返回空白字符。

3. replace()

replace()方法在字符串中查找特定子串，并将其替换为指定字符串，返回替换后的新字符串。

语法：

```
str.replace(regexp|substr, newSubStr|function)
```

代码说明：

replace()方法有两个参数，第一个参数指定查找的子串，第二个参数指定替换子串的方式。符号"|"前后的两个参数是可选项，需选择任意一项。

① 第一个参数是一个正则对象或一个字符串。若是前者，则该正则对象匹配的内容将被第二个参数替换；若是后者，则仅替换第一个匹配的子串。

② 第二个参数是一个字符串或一个函数。若是前者，则替换与第一个参数匹配的子串；若是后者，则该函数的返回值替换与第一个参数匹配的子串。

例如：

```
str = "Please visit HUAWEI!";
console.log(str.replace("HUAWEI","LENOVO"));
```

运行结果：

```
Please visit LENOVO!
```

需要注意的是，replace()方法对大小写敏感。

例如：

```
str = "Please visit HUAWEI!";
console.log(str.replace("HuaWei","LENOVO"));
```

由于"HuaWei"不匹配"HUAWEI"，故replace()方法不能完成替换。

运行结果：

```
Please visit HUAWEI!
```

replace()方法的允许查找项是一个正则表达式，如果需执行大小写不敏感的替换，也应使用正则表达式。由于正则表达式不在本书讲解范围，故这里不做进一步介绍。

4. toUpperCase()与toLowerCase

toUpperCase()和toLowerCase()方法分别返回字符串的大写和小写形式。

1）toUpperCase()

调用该方法返回字符串的大写形式。

例如：

```
let str = "The full name of China is the People's Republic of China.";
console.log(str.toUpperCase());
```

运行结果：

```
THE FULL NAME OF CHINA IS THE PEOPLE'S REPUBLIC OF CHINA.
```

2）toLowerCase()

调用该方法返回字符串的小写形式。

例如：

```
let str = "The full name of China is the People's Republic of China.";
console.log(str.toLowerCase ());
```

运行结果：

```
the full name of china is the people's republic of china.
```

5. trim()

trim()方法返回删除字符串两端的空白字符后的字符串，这些空白字符包括空格、制表符和换行符等。

语法：

```
str.trim()
```

例如：

```
let str = "      Hello world!        ";
console.log(str.length);
console.log(str.trim());
console.log(str.trim().length);
```

运行结果：

```
27
Hello world!
12
```

除了 trim()方法，trimStart()方法可以删除字符串左侧的空白字符，trimEnd()方法可以删除字符串右侧的空白字符。

6. charAt()与 charCodeAt()

charAt()和 charCodeAt()方法用来在字符串中截取指定索引处的字符或字符对应的 UTF-16 编码。

1）charAt()

charAt()方法返回字符串中指定索引处的字符。

语法：

```
charAt(index)
```

代码说明：

参数 index 是 0 和字符串长度减 1 之间的一个整数，如果指定的 index 超出了该范围，则返回一个空字符串；如果没有提供该参数，则默认为 0。

例如：

```
let str = "Hello world!";
console.log(str.charAt(1));
```

运行结果：

e

又如：

```
let str = "Hello world!";
console.log(str.charAt());
```

以上代码未指定参数 index，则默认获取索引为 0 的字符。

运行结果：

H

2）charCodeAt()

charCodeAt()方法返回 0 到 65535 之间的一个整数，该整数是指定索引处字符的 UTF-16 编码。

语法：

```
str.charCodeAt(index)
```

代码说明：

参数 index 是 0 和字符串长度减 1 之间的一个整数，默认为 0。如果 index 超出范围，则该方法返回 NaN。

例如：

```
let str="ABC";
console.log(str.charCodeAt(0))
console.log(str.charCodeAt(1)
console.log(str.charCodeAt(2)
console.log(str.charCodeAt(3)
```

以上代码中的字符"A"、"B"和"C"对应的 UTF-16 编码分别为 65、66 和 67，索引 index 为 3 超出了范围。

运行结果：

```
65
66
67
NaN
```

UTF-16 编码的概念,以及字符与 UTF-16 编码的对应关系,读者可以通过其他资料获取,这里不做进一步介绍。

7. fromCharCode()

fromCharCode()方法是 String 对象的静态方法,返回指定的 UTF-16 编码对应的字符串。

语法:

```
String.fromCharCode(num1[, ...[, numN]])
```

参数 num1,…,numN 是一系列由 UTF-16 编码组成的数字,范围介于 0 和 65535 之间,大于 65535 的数字将被直接截断。该方法返回一个长度为 N 的字符串,该字符串由 UTF-16 编码对应的字符组成。

因为 fromCharCode()是静态方法,所以应该通过类名 String 而非 String 对象来调用,即 String.fromCharCode()。

例如:

```
console.log(String.fromCharCode(65, 66, 67));
console.log(String.fromCharCode(90));
```

运行结果:

```
ABC
Z
```

8. concat()

concat()方法将原始字符串与一个或多个字符串连接,返回连接后的字符串。

语法:

```
str.concat(str2, [, ...strN])
```

代码说明:

参数 str2,[, ...strN]是需要连接到原始字符串 str 的字符串。

例如:

```
let str1 = "Hello";
let str2 = "world";
console.log(str1.concat(" ",str2));
```

运行结果：
```
Hello world
```
concat()方法可以代替"+"运算符。

例如，下面两行代码是等效的：
```
let text = "Hello" + " " + "World!";
let text = "Hello".concat(" ","World!");
```

9. split()

split()方法使用指定的分隔符拆分字符串，并将拆分后的字符串组成数组返回。

语法：
```
str.split([separator[, limit]])
```

代码说明：

① 参数 separator 是分隔符，用来指定拆分字符串的位置，可以是一个字符串或一个正则表达式。

② 参数 limit 是一个整数，用来限定返回的数组元素的个数。

调用该方法将在原始字符串中寻找指定的分隔符。若找到分隔符，则将其从字符串中删除，并将剩余的字符串以数组形式返回。

如果没有找到分隔符，或者省略了分隔符，则返回的数组只包含一个由原字符串组成的元素；如果找到的分隔符是空字符串，则将原始字符串 str 中的每个字符组成一个数组后返回。

利用 split()方法可以将有规律的字符串转换为数组。

例如：
```
let str = "a,b,c,d,e";
console.log(str.split(","));
console.log(str.split(""));
console.log(str.split(",",3));
```

运行结果：
```
['a','b','c','d','e']
['a',',','b',',','c',',','d',',','e']
['a','b','c']
```

9.2 Date 对象

9.2.1 Date 对象的概念

Date 对象封装了与日期和时间相关的属性和方法，通常用来处理和时间有关的运算，是 JavaScript 语言的核心对象之一。

创建 Date 对象有四种不同的构造方法。

语法：

```
new Date();
new Date(value);
new Date(dateString);
new Date(year,monthIndex[,day[,hours[,minutes[,seconds[,milliseconds]]]]]);
```

代码说明：

利用 new 关键字是创建 Date 对象的唯一方法，若作为常规方法调用，即不加关键字 new，将返回一个字符串而非 Date 对象。

Date()构造方法有以下四种参数形式。

1. 无参数

如果没有提供参数，则创建的 Date 对象表示当前日期和时间。

2. Unix 时间戳

Unix 时间戳（Unix Time Stamp）是一个整数值，表示自 1970 年 1 月 1 日 00:00:00 UTC（the Unix Epoch）以来的毫秒数。

3. dateString

这里一个表示日期的字符串，它必须能被 Date.parse()方法正确识别。

4. 构成日期与时间的参数

① year：代表年份的整数值，0 到 99 对应 1900—1999 年，其他值代表实际年份。

② monthIndex：代表月份的整数值，0 到 11 对应 1—12 月。

③ date：可选参数，代表一个月中的第几天。该参数从 1 开始，默认值为 1。

④ hours：可选参数，代表小时。该参数采用 24 小时制，默认值为 0。

⑤ minutes：可选参数，代表分钟，默认值为 0。

⑥ seconds：可选参数，代表秒，默认值为 0。

⑦ milliseconds：可选参数，代表毫秒，默认值为 0。

例如，创建不带参数的 Date 对象：

```
let date=new Date();
console.log(date);
```

上述代码创建一个代表本系统当前时间的 Date 对象。

运行结果：

Mon Dec 20 2021 14:06:02 GMT+0800 (中国标准时间)

又如，以下代码创建一个指定日期的 Date 对象：

```
let date=new Date(2019, 1);
console.log(date);
```

在创建指定日期的 Date 对象时，至少需要指定年、月这两个参数，未指定的参数会自动使用默认值。由于上述代码未指定日、时、分、秒等参数，故 JavaScript 引擎使用默认值 1、0、0、0 创建 Date 对象。

运行结果：

Fri Feb 01 2019 00:00:00 GMT+0800 (中国标准时间)

再如：

```
let date= new Date(2021,7,3,10,20,30,50)
console.log(date);
```

上述代码创建了一个包含确切日期和时间的 Date 对象，这个对象对应的时间是 2021 年 8 月 3 日 10 点 20 分 30 秒 50 毫秒。

运行结果：

Tue Aug 03 2021 10:20:30 GMT+0800 (中国标准时间)

利用日期字符串作为参数也能够构造时间对象。

例如：

```
let date=new Date("2021-10-2 11:53:04")
console.log(date);
```

运行上述代码时，JavaScript 引擎将自动识别字符串"2021-10-2 11:53:04"，并将其转换为对应的 Date 对象。

运行结果：

Sat Oct 02 2021 11:53:04 GMT+0800 (中国标准时间)

由于各种浏览器之间有差异，故不推荐利用这种构造方法解析日期字符串。

9.2.2 Date 对象的常用方法

了解了创建 Date 对象的常用方法后，简单介绍 Date 对象的常用方法，表 9-2-1 列出了 Date 对象的常用方法和说明。

表 9-2-1 Date 对象的常用方法和说明

方 法 名	功 能 说 明
getFullYear()	获取表示年份的 4 位数字，如 2020
setFullYear(value)	设置年份
getMonth()	获取月份，范围为 0-11（0 表示 1 月，1 表示 2 月，……，依次类推）
setMonth(value)	设置月份
getDate()	获取月份中的某一天，范围为 1-31
setDate(value)	设置月份中的某一天
getDay()	获取星期，范围为 0-6（0 表示星期日，1 表示星期一，……，依次类推）
getHours()	获取小时数，范围为 0-23
setHours(value)	设置小时数
getMinutes()	获取分钟数，范围为 0-59
setMinutes(value)	设置分钟数
getSeconds()	获取秒数，范围为 0-59
setSeconds(value)	设置秒数
getMilliseconds()	获取毫秒数，范围为 0-990
setMilliseconds(value)	设置毫秒数
getTime()	获取 1970-01-01 00:00:00 距 Date 对象的毫秒数
setTime(value)	通过自 1970-01-01 00:00:00 开始计时的毫秒数来设置时间

例如：

```
let currentDate = new Date();
console.log("当前完整年份:"+currentDate.getFullYear());
console.log("当前月份:"+(currentDate.getMonth()+1));
console.log("当前日期:"+currentDate.getDate());
console.log("当前星期:"+currentDate.getDay());
console.log("当前时间:"+currentDate.getTime());
 console.log("当前小时数:"+currentDate.getHours());
  console.log("当前分钟数:"+currentDate.getMinutes());
   console.log("当前秒数: "+currentDate.getSeconds());
    console.log("当前毫秒数:"+currentDate.getMilliseconds());
```

运行结果：

当前完整年份:2021
当前月份:12
当前日期:22
当前星期:3
当前时间:1640146059272
当前小时数:12
当前分钟数:7
当前秒数：39
当前毫秒数:272

【例 9.4】计算数字 0 至 1000000 之和所需的时间。

程序设计思想：

利用循环实现求和的方法之前已经介绍过。实现本例只需在求和之前记录当前时间，在完成求和之后再记录当前时间，再对这两个时间做减法即可得到运算所需时间。

```
function sum(x){
      total=0;
      for(i=1;i<=x;i++)
          total=total+i;
}
let start = new Date();
sum(1000000);
let end=new Date();
console.log(end-start);
```

运行结果：

13

运行结果显示，完成数字 1 至 1000000 的求和运算需要 13 毫秒。

9.3 Math 对象

9.3.1 Math 对象的概念

JavaScript 语言的基本算术运算可以处理简单的数学计算，进行更高级的数学计算应该使用 Math 对象。

9.3.2 Math 对象的常用属性和方法

Math 对象提供的方法都是静态方法，例如，调用圆周率的方法是"Math.PI"，调用正余弦函数的方法是"Math.sin(x)"。

表 9-3-1 列出了 Math 对象的常用属性及说明。

表 9-3-1 Math 对象的常用属性及说明

属　　性	说　　明
Math.E	欧拉常数，也是自然对数的底数，约等于 2.718
Math.LN2	2 的自然对数，约等于 0.693
Math.LN10	10 的自然对数，约等于 2.303
Math.LOG2E	以 2 为底的 E 的对数，约等于 1.443
Math.LOG10E	以 10 为底的 E 的对数，约等于 0.434
Math.PI	圆周率，一个圆的周长和直径之比，约等于 3.14159

表 9-3-2 列出了 Math 对象的常用方法及说明。

表 9-3-2 Math 对象的常用方法及说明

方　　法	说　　明
PI	获取圆周率，结果为 3.141592653589793
abs(x)	获取 x 的绝对值，可传入普通数值或用字符串表示的数值
max([value1[,value,…]])	获取所有参数中的最大值
min([value1[,value2,…]])	获取所有参数中的最小值
pow(base,exponent)	获取基数（base）的指数（exponent）次幂
sqrt(x)	获取 x 的平方根
ceil(x)	获取大于或等于 x 的最小整数，即向上取整
floor(x)	获取小于或等于 x 的最大整数，即向下取整
round(x)	获取四舍五入后的整数值
random(x)	获取大于或等于 0 且小于 1 的随机值

例如，利用 max()方法返回一组数值中的最大值：

```
let max = Math.max(20,19,43,15,37);
console.log(max);
```

运行结果：

43

又如，利用 ceil()方法返回数值向上舍入后最接近的整数：

```
console.log(Math.ceil(5.1));
console.log(Math.ceil(5.5));
console.log(Math.ceil(5.9));
```

运行结果：

6
6

6

再如，利用 round()方法返回数值四舍五入后最接近的整数：

```
console.log(Math.round(5.1));
console.log(Math.round(5.5));
console.log(Math.round(5.9));
```

运行结果：

5
6
6

生成随机数是程序设计时经常遇到的问题，利用 random()方法可以生成一个大于 0 且小于 1 的随机数。

例如：

```
console.log(Math.random());
```

运行结果：

0.14560257052752346

利用以下公式可以返回某个整数范围内的随机数：

```
Math.floor(Math.random() * 可能值的总数 + 第一个可能的值);
```

【例 9.5】随机产生 10 至 20 之间的整数。

程序设计思想：

10 至 20 之间包含 11 个数，故可能值的总数是 11；第一个可能的值是 10，套用上述公式即可编写代码：

```
let num = Math.floor(Math.random() * 11 + 10);
console.log(num);
```

运行结果：略。

9.4 常用内置对象举例

9.4.1 时钟

【例 9.6】在控制台显示当前时间。

在开始思考本例的实现方法之前，先了解本例涉及的关键技术——定时器的基本概念。定时器能够按照指定的周期反复执行函数或某些代码。定时器由 setInterval()函数定义，参数指定反复执行的代码和间隔执行的周期。

语法：

```
let timerId = setInterval(func|code, millisec);
```

代码说明：

以上代码创建定时器 timerId，setInterval()函数接收两个参数。

① 参数 func|code 是要调用的函数或要执行的代码串。

② 参数 millisec 是周期性执行或调用的时间间隔，以毫秒计。

执行该函数将返回一个由整数表示的定时器编号，这个编号通常用来关闭定时器。

例如：

```
let i=1;
let timer = setInterval(function() {
    console.log(i++);
}, 1000)
```

执行以上代码，控制台每隔 1000 毫秒就输出 i+1 的值，直到关闭当前窗口，或者使用"clearInterval(timer)"关闭这个定时器。

程序设计思想：

本例利用定时器功能，每隔 1000 毫秒就输出当前时间。

程序：

```
let timer = setInterval("render('h:m:s')", 1000);
function render(template) {
    let date = new Date();
    let hours = date.getHours();
    if (hours < 10)
        hours = '0' + hours;
    let mins = date.getMinutes();
    if (mins < 10)
        mins = '0' + mins;
    let secs = date.getSeconds();
    if (secs < 10) secs = '0' + secs;
    let output = template
            .replace('h', hours)
            .replace('m', mins)
            .replace('s', secs);
    console.log(output);
}
```

程序分析：

创建定时器，指定定时器执行的函数名称是 render。

函数 render()输出格式化后的当前时间，该函数创建一个 Date 对象，通过该对象得到当前的时、分、秒，并利用 replace()方法将字符串"h:m:s"替换为当前的时、分、秒。

运行结果：略。

9.4.2 加密字符串

【例 9.7】编写程序，实现对字符串进行简单的加密和解密。

程序实现方法：

1. 加密

对字符串加密是程序设计时经常遇到的问题，本例利用 UTF-16 编码实现对字符串的加密和解密。

通常，加密前的字符串称为明文，加密后的字符串称为密文。密钥是一个参数，它是在将明文转换为密文或将密文转换为明文的算法中输入的参数。

对字符串加密，可以遍历字符串中的每个字符，利用 String 对象的 charCodeAt()方法将其转换为对应的 UTF-16 编码存放于数组中，再使用数组的 join()方法将其转换为字符串。

虽然上述过程将字符串转换为 UTF-16 编码，但是它依然是明文，利用 String 对象的 fromCharCode()方法即可将 UTF-16 编码转回原字符。

在上述算法中引入密钥，即将每个字符对应的 UTF-16 编码加上密钥，从而实现对字符串加密。

2. 解密

解密是加密的逆向过程。先利用 String 对象的 split()方法将密文转换为数组，再将数组中的每个 UTF-16 编码减去密钥，并利用 fromCharCode()方法将其转换为对应的字符，最后将所有字符连接起来即明文。

根据上述思想编写加密函数 encode()和解密函数 decode()，以及相关的测试代码。

程序：

```
function encode(str, k) {
    let arr = [];
    for (let i = 0; i < str.length; i++) {
        let code = str.charCodeAt(i) + k;
```

```javascript
            arr.push(code);
        }
        return arr.join(",");
    }
    function decode(str, k) {
        let arr = str.split(",");
        let str_decode = "";
        for (let i = 0; i < arr.length; i++) {
            let code = parseInt(arr[i]) - k;
            str_decode += String.fromCharCode(code);
        }
        return str_decode
    }
    const KEY = 100;
    const SPLIT = ",";
    let str=prompt("请输入明文：");
    console.log("明文："+str);
    let cypher = encode(str, KEY);
    console.log("加密后的字符串："+cypher);
    str=decode(cypher, KEY);
    console.log("解密后的字符串："+str);
```

程序分析：

为便于程序后续的优化和维护，本程序定义了常量 KEY 作为密钥，SPLIT 作为数组转字符串时的分隔符，修改以上常量即可对程序进行相关调整。

运行结果：

输入 Hello world!，输出：

明文：Hello world!
加密后的字符串：172,201,208,208,211,132,219,211,214,208,200,65381
解密后的字符串：Hello world!

上述加密过程虽然是最简单的加密方法，但是试图解密者不易猜测出这个密钥，故无法简单地通过逆向过程解密。

10 异常和调试

　　无论程序员多么优秀，编写的程序总会出现一些问题。作为一名程序员，必须意识到这一点，并准备好解决问题。如果问题不严重，则不会影响程序执行；如果问题比较严重，将导致程序运行完全失败。

　　本章讨论异常及 JavaScript 提供的异常处理机制，利用这种机制对程序中可能发生错误的地方采取有效的预防措施，处理可能发生的重大错误。

10.1　异常的概念

　　程序错误一般分为三种：编译错误、运行时错误和逻辑错误。发生编译错误的原因是程序的编写没有遵循语法规则，这种错误是刚进行程序设计时最常遇到的问题；运行时错误是程序执行时由运行环境发现的不能执行的操作；逻辑错误是因为程序没有按照预期的逻辑执行而引发的错误。

　　错误将引发异常，异常通常分为两大类：运行时异常和编译异常。运行时异常一般由逻辑错误引起；编译异常通常也称为非运行时异常，这类错误通常由语法错误导致。对于编译性程序语言，若不加以修正就不能通过编译。而 JavaScript 是解释性语言，程序中的语法错误在执行时才被发现，并导致运行失败。目前大多数开发环境支持对语法错误的自动提示，如 PhpStorm 等 IDE 工具，从而在编码阶段发现问题并及时改正错误。

10.2 Error 对象

发生错误时，JavaScript 引擎生成一个包含详细错误信息的 Error 对象，该对象有以下属性。

1. name

属性 name 是 Error 名称，例如，定义的变量名不符合规范，它的名称是"SyntaxError"；又如，引用一个未定义的变量所引发的错误，它的名称是"ReferenceError"。

2. message

属性 message 是有关错误的详细描述。

3. stack

该属性是一个字符串，包含导致错误的嵌套的调用信息。

10.3 异常处理

不管是否精通编程，程序总是会出现错误的。错误可能包括语法错误、运算结果出错，或是与预期不符的输出，或是错误的服务端响应等。问题发生后需要跟踪代码，先确定发生问题的原因，再修改代码，使程序按照设计意图执行。

程序运行时发生的错误称为异常，异常处理是指当程序出现错误后，程序该如何应对。具体来说，异常机制提供了程序退出的安全通道，即发生错误后，改变原有的程序，并将程序的控制权转移到异常处理程序。

JavaScript 语言是解释性语言，代码在运行时被逐行解释。当 JavaScript 引擎解析到错误时，就会立即停止程序运行，并在控制台输出错误 Error 信息。

利用 JavaScript 语言的 try/catch/finally 结构，能够捕获程序中的异常并控制程序流向，从而使程序更合理地执行，而不是简单地终止程序运行。

10.3.1 throw 语句抛出异常

JavaScript 语言的异常处理机制为抛出异常和捕捉异常。异常总是先被抛出，再被捕捉。捕捉异常需要提供相应的异常处理器。捕捉的异常可能是由自身语句引发并抛出的异常，也可能是由某个调用的方法或运行时抛出的异常。

当出现错误引发异常时，方法创建异常对象并交付运行时系统，异常对象中包含了异常类型和异常出现时的程序状态等异常信息。运行时系统负责寻找处置异常的代码并执行。

任何的 JavaScript 代码都可以抛出异常。

例如：自己编写的代码都可以通过 throw 语句抛出异常。

throw 语法：

```
throw value;
```

代码说明：

value 是需要抛出的错误信息，它可以是任何类型的数据，字符串是最简单的抛出方式。

例如：

```
if (somethingBadHappened) {
    throw "Something bad happened";
}
```

又如，抛出异常的对象 Error：

```
if (somethingBadHappened) {
    throw new Error('Something bad happened');
}
```

JavaScript 可以抛出自定义的错误类来处置程序中的各类异常。

10.3.2 try/catch/finally 捕捉异常

在方法抛出异常之后，运行时系统将寻找合适的异常处理。异常处理器是发生异常时依次存留在调用栈中的方法的集合，当它能处理的异常类型与抛出的异常类型相符时，即交由该异常处理器处理。

运行时系统从发生异常的方法开始，依次往前检索调用栈中的方法，直至找到异常处理方法并执行；若遍历调用栈都未找到合适的异常处理方法，则运行时系统终止运行。

JavaScript 语言包含结构化的异常处理机制，用关键字 try、catch 和 finally 标识处理异常代码块，若发生异常就使用这些代码块处理异常。

语法:

```
try{
    statement-1;
    …
    statement-n;
}catch(err){
    …
}finally{
    …
}
```

代码说明:

try/catch/finally 结构由三部分组成: try、catch 和 finally。

① 执行 try 部分的代码。如果该部分没有错误,则执行完所有语句,并跳过 catch 部分继续执行后续代码。

② 如果 try 部分的某个语句出现错误,则转向执行 catch(err){…}。其中的参数 err 是引发异常的 Error 对象。

③ 不论是否发生异常,finally 部分的代码始终都被执行。如果有 catch 语句,则其在 catch 语句执行完后执行,否则在 try 部分的语句执行完后执行。

程序可以包含 try 和 catch 部分,或者包含 try 和 finally 部分,或者包含 try、catch 和 finally 部分,若有需要,可以在一个 try/catch/finally 结构的任何一个部分嵌套包含另一个 try、catch 或 finally 结构。

下面通过例子做更直观的介绍。

【例 10.1】执行下述程序,观察控制台输出的运行结果。

程序:

```
try{
    console.log("Start");
    console.log("End");
}catch(err) {
    console.log('Program is ignored');
}
```

由于以上代码没有错误,程序正常运行,因此 catch 中的代码不会执行。

运行结果:

```
Start
End
```

【例 10.2】运行以下程序,观察浏览器中的输出。

程序:

```
try {
    console.log('Start');
    xixixi;
    console.log('End');
} catch(err) {
    console.log(err.name);
    console.log(err.message);
    console.log(err.stack);
    console.log(err);
}
```

以上代码中的 xixixi 被 JavaScript 引擎当作变量处理,因为该变量未定义,所以引发错误。

运行结果:

```
Start
ReferenceError
xixixi is not defined
xixixi is not defined
ReferenceError: xixixi is not defined
```

程序说明:

① 程序从 try 结构的第一行语句开始执行,输出"Start"。

② 执行语句 xixixi,因为 JavaScript 引擎发现该变量未定义,所以流程转向 catch 语句并执行输出语句。

当程序发生异常后,引发异常的后续代码将不会执行,即"console.log('End')"将被忽略。

try/catch 仅对运行时的错误有效。也就是说,要使 try/catch 能起作用,代码必须是可执行的,即它必须是语法正确的 JavaScript 代码,否则 catch 语句将无法运行。

【例 10.3】下面的代码包含多余的",",观察运行结果。

程序:

```
try {
    console.log('Start');
    ,
    console.log('End');
} catch(err) {
    console.log("The code is invalid");
}
```

运行结果：

```
Uncaught SyntaxError: Unexpected token ','
```

JavaScript 引擎首先读取代码，然后运行代码。在读取代码阶段发生的错误被称为"解析时错误"。因为引擎无法理解这些代码，所以就无法引发异常，程序将终止运行。try/catch 只能处理语法正确的代码中出现的错误，这类错误通常被称为"运行时错误（Runtime Error）"。

不论程序是否发生异常，finally{…}中的语句都将被执行。

【例 10.4】执行 finally{…}。

```
try {
   console.log('Start');
   ,
   console.log('End');
} catch(err) {
   console.log("The code is invalid");
} finally {
   console.log("This is finally");
}
```

运行结果：

```
Start
The code is invalid
This is finally
```

10.4　利用 Chrome 调试工具调试

调试是在程序中找出并修复错误的过程。在编写更复杂的代码之前，了解调试及调试方法是极为重要的。

当前绝大多数浏览器都支持调试工具，本节介绍 Chrome 浏览器的调试功能和调试方法，从而达到跟踪 JavaScript 程序的运行、检查程序运行时各种对象状态的目的。

10.4.1　"source"面板

在 Chrome 浏览器中打开程序 10-1.html，按组合键<Ctrl>+<Alt>+<I>打开开发者工具，选择"Sources"面板后，浏览器中的显示效果如图 10-4-1 所示。需要注意的是，由于浏览器的版本不同，界面的布局和内容可能略有不同。

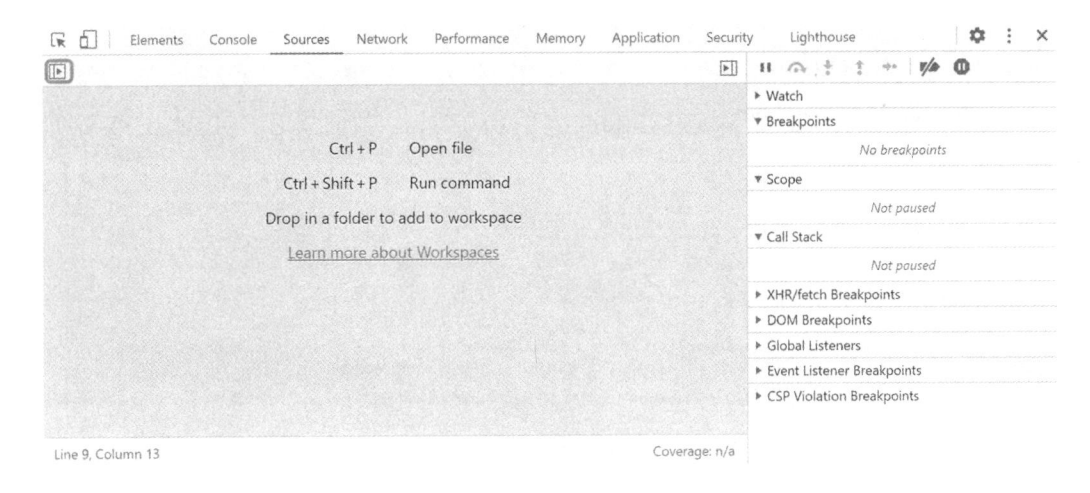

图 10-4-1　Chrome 浏览器开发者工具

单击如图 10-4-1 所示界面左上角的箭头按钮，打开文件导航窗口，在窗口的资源列表中单击"10-5.html"，打开网页的源文件，如图 10-4-2 所示。

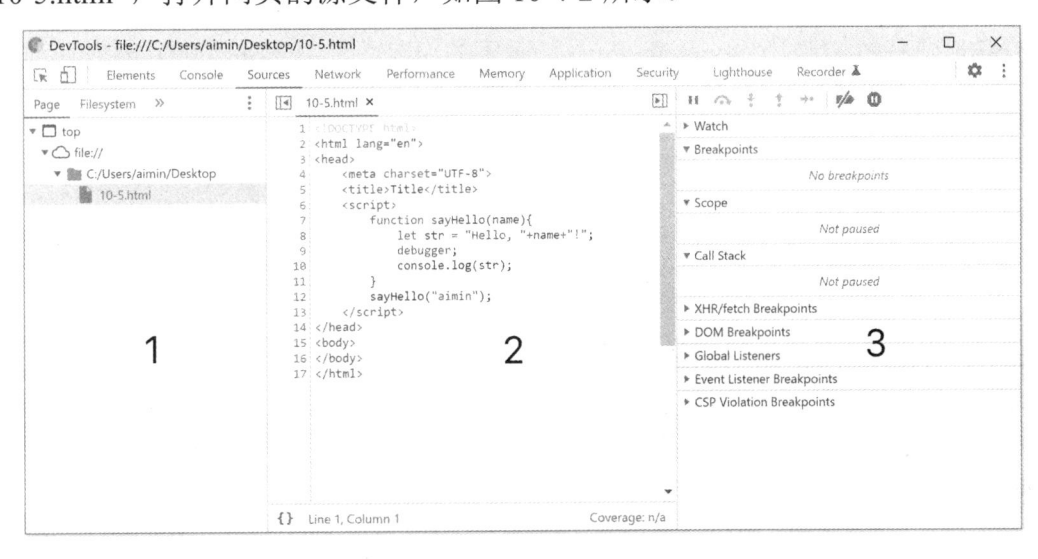

图 10-4-2　"Sources"面板

"Sources"面板由三部分组成，下面分别予以介绍。

① 文件导航窗口：该窗口列出了网站下的资源，如 HTML、JavaScript 程序、CSS 文件等。

② 代码查看窗口：在该窗口中显示打开的源代码。

③ JavaScript 调试窗口：包含一系列调试时使用的标签页。例如：最上面的程序执行方式，以及 Watch、Scope、Call Stack 等标签页，在这些标签页内可以检查程序运行时各种对象的状态。

10.4.2　console

在 Chrome 浏览器激活的状态下按<Esc>键，将打开控制台窗口。在控制台内可以输入语句，按<Enter>键后执行程序。

例如，在控制台输入"1+2"，按<Enter>键后将输出运算结果 3，如图 10-4-3 所示。

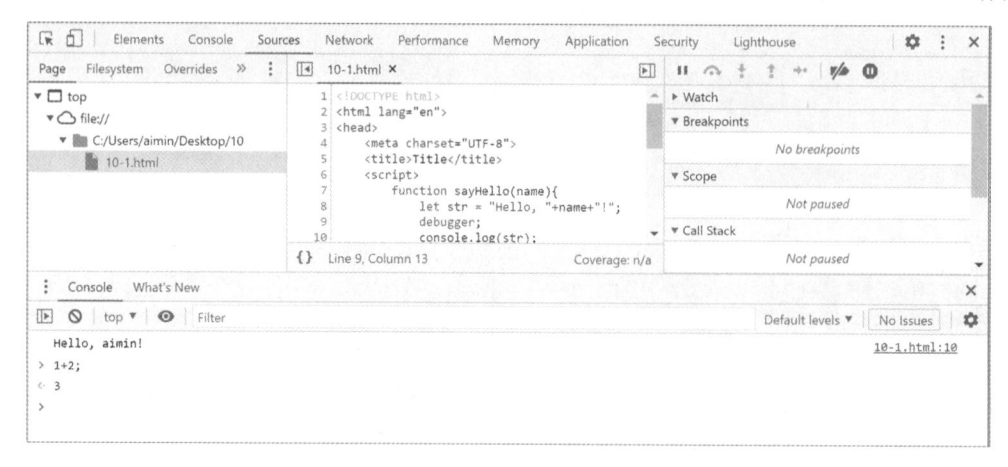

图 10-4-3　控制台窗口

JavaScript 程序中的语句"console.log()"输出的内容均将在 console 中输出，利用这种方法能够输出程序运行时各种变量、对象的值，是常见的程序调试方法之一。

10.4.3　Breakpoint

断点是一个信号，它通知调试器在程序的某个特定位置暂停，也就是说，将程序的执行挂起，使程序进入中断模式。这种模式并不会终止程序的执行，程序可以在任何时候继续执行。

1. 设置断点

在代码查看窗口单击代码左侧的数字编号 8，此时数字 8 呈蓝色背景，继续单击数字 12，数字 12 呈蓝色背景，此时第 8 行和第 12 行称为断点，如图 10-4-4 所示。

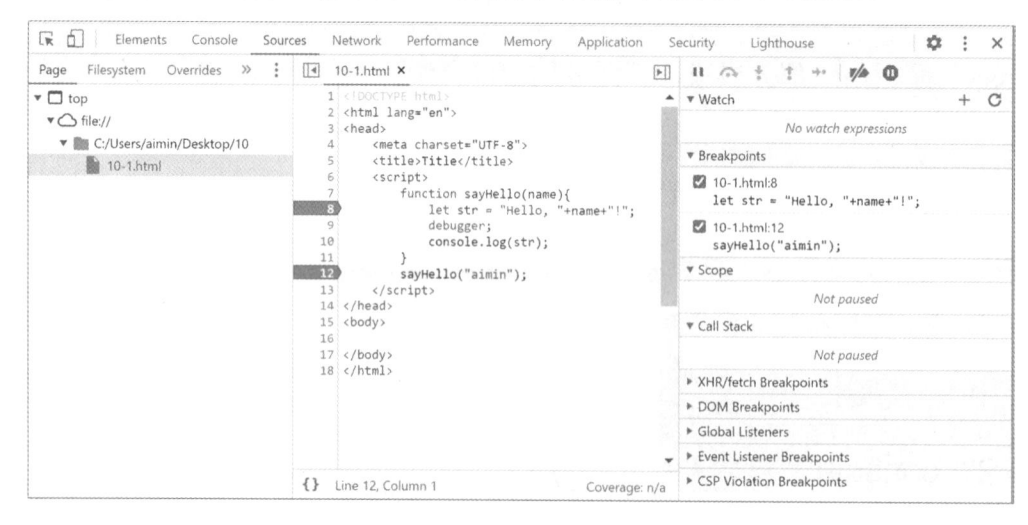

图 10-4-4　代码查看窗口

"Breakpoints"标签页显示当前的断点列表，单击列表中的断点，可以在代码查看窗口快速定位断点所在的程序；单击断点左侧的复选框，可以禁用/开启断点。

当程序运行到这些断点时将自动暂停执行程序，此时可以在右侧调试窗口的"Watch""Scope""Call Stack"等标签页内检查当前变量，在控制台中执行命令等。

2. 断点调试

断点调试是一种强大的调试工具。与逐句检查代码不同的是，断点可以让程序在断点处暂停。在暂停状态下，程序中的所有元素，如函数、变量和对象都实时保存在内存中，查看它们的值可以发现程序是否存在冲突或Bug。

设置断点后，按<F5>键刷新页面即可进行调试工作。如图10-4-5所示为调试模式，此时程序在语句"sayHello("aimin")"处暂停，该行语句的背景呈蓝色状态，同时右侧的调试窗口顶部显示"Paused on breakpoint"。

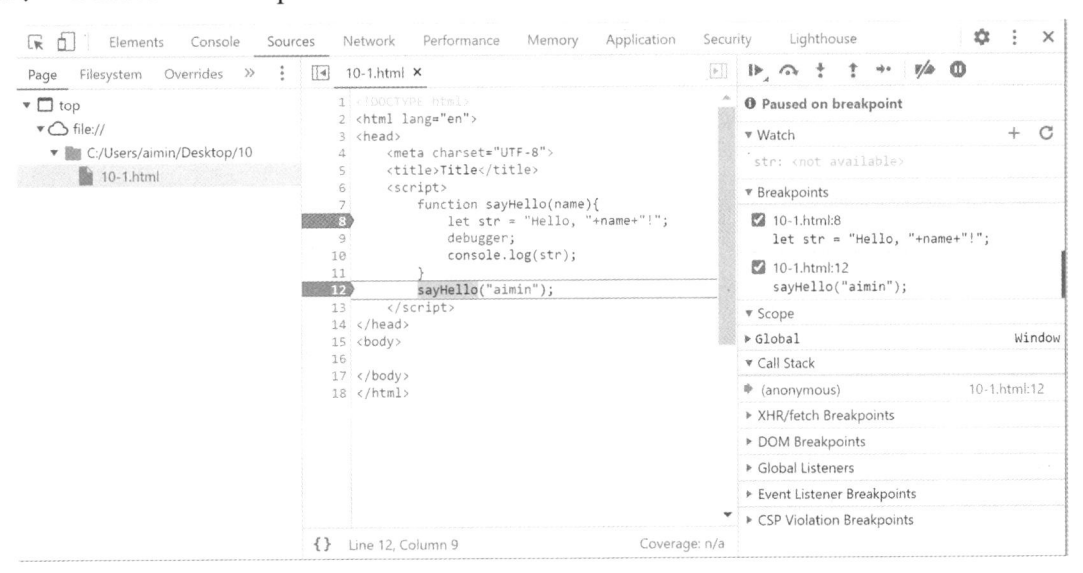

图 10-4-5　调试模式

将鼠标光标移至代码检查窗口中的变量上方，将显示此时变量中存放的值。除此之外，调试窗口顶端提供的常用调试按钮可以控制程序继续执行的方式。

如图10-4-6所示是常用的调试按钮，下面从左到右分别介绍这些按钮的作用。

1. 继续/暂停脚本执行

程序在断点处暂停后，单击该按钮将恢复程序的执行，直到下一个断点为止。

2. 跳过下一个函数调用

该按钮为单步调试按钮。单击一次该按钮就会按照代码的执行顺序执行下一句代码，这种程序的执行方式不会进入函数体内。

3. 进入下一个函数调用

单击该按钮则移动到下一个可执行的代码行。如果当前行是一个函数调用，则进入函数体并在函数体的第一行语句处停止。如果函数调用和函数定义不在同一个文件中，则这种方式可以帮助打开对应的函数定义。

4. 跳出当前函数

单击该按钮将跳出当前断点所在的函数，执行到该函数调用的下一行语句。

5. 单步调试

单击该按钮，如果存在函数调用，则进入函数体内逐步执行。

6. 停用/启用断点

单击该按钮将临时停用/启用断点。

7. 停用/启用遇到异常时暂停

该按钮为开关按钮。单击该按钮，则不在异常处暂停，或者抛出异常则暂停。

图 10-4-6　调试时程序执行方式按钮

除了上述调试方式，调试窗口还有其他标签页，在这些标签页中可以检查程序的各种状态。由于篇幅原因，这里不做进一步介绍，有兴趣的读者可以查看其他资源。

10.4.4　debugger 命令

同断点一样，debugger 语句也可以暂停程序的执行进入调试状态。
例如：

```
function sayHello(name){
    let str = "Hello, "+name+"!";
    debugger;
    console.log(str);
}
```

执行以上代码，程序也将在 debugger 语句处停止执行，单击"继续脚本执行"按钮或按<F8>键可以继续执行程序。

反侵权盗版声明

电子工业出版社依法对本作品享有专有出版权。任何未经权利人书面许可，复制、销售或通过信息网络传播本作品的行为；歪曲、篡改、剽窃本作品的行为，均违反《中华人民共和国著作权法》，其行为人应承担相应的民事责任和行政责任，构成犯罪的，将被依法追究刑事责任。

为了维护市场秩序，保护权利人的合法权益，我社将依法查处和打击侵权盗版的单位和个人。欢迎社会各界人士积极举报侵权盗版行为，本社将奖励举报有功人员，并保证举报人的信息不被泄露。

举报电话：（010）88254396；（010）88258888
传　　真：（010）88254397
E-mail：　dbqq@phei.com.cn
通信地址：北京市海淀区万寿路 173 信箱
　　　　　电子工业出版社总编办公室
邮　　编：100036